もしも「虫」が「人間」サイズになったら……
最凶の虫
Science Fiction
王座決定戦
監修◉築地琢郎
著◉「巨大虫」緊急防衛対策委員会

もしも虫が人間の大きさだったら……。1909年、『シカゴ・デイリー・トリビューン』誌において、そう題された記事が掲載された。具体的には、**「仮に魔法使いが人間を昆虫サイズに縮小させて、小さな虫を人間の大きさにしたら」**というものであり、本書の「if」とは多少異なるが、いずれにせよ、虫の持つ特異な能力や秘められた未知なる力への畏敬の念が込められている。

彼らのルーツはおよそ4億年も時を遡るとされる。その間、大自然に寄り添い、適応し、共生しながら進化を続け、現在までの大繁栄を極めた。たかだか700万年の歴史しか持たない人類から見れば、尊敬すべき大先達であり、教えを請うべき師であることは明白だ。にもかかわらず我々は、時に彼らのことを〝害虫〟と呼び、〝虫けら〟という言葉を作り出し、蔑み忌み嫌ってきた。

もちろん、ミツバチのように蜂蜜という食物を運んでくれる虫や、コオロギやスズムシのように季節の到来を告げてくれる虫、カブトムシやクワガタのように子どもたちの好奇心を刺激する虫など、好意的なイメージを持つことができる虫も中にはいる。けれども、半数、いやむしろそれ以上の虫に関しては、大多数の人々が何かしらの嫌悪感を抱いているといえるだろう。

人は、〝数が多いもの〟に対して恐怖心を覚えるといわれる。つまり、我々が彼らに対して悍ましさを感じる背景には、〝有象無象に蠢く存在〟という意識が根底にあるからなのかもしれない。あるいは、人類とは双極の進化を遂げ、栄華を誇ってきた彼らに脅威を感じ、人類に代わって食物連鎖の頂点に立てる可能性を本能的に察知しているからなのか――。

どちらであるにせよ、〝知能〟を発達させあくまでも人間中心主義を貫き進化してきた我々よりも、ある意味で生き残る〝知恵〟を駆使することで激変する地球環境に適応し進化してきた虫たちの方が、サバイ

もしも〝虫〟が
サイズになっ

【Introduction】If an insect becomes the human being size……

本書は限りなくフィクションである。ではあるが、どこか〝もしかしたら……〟と思わずにはいられない本能的な

バルを生き抜く術は熟知しているはずだ。

食糧問題、環境破壊、放射能汚染……自らの手で自分たちの住居を劣悪な状態へとおとしめている人類が、自らの罪によって罰せられる日がいずれ訪れる可能性はある。しかし、地球規模の大厄災が降りかかったとしても、少なくとも我々よりも彼らの方が、どうにか生き延びていく能力を有しているとはいえないだろうか。

本書では、虫の持つ特殊能力に着目し、**「虫が我々と同じ、またはそれ以上に巨大化」**した場合を想定し、対抗策を模索することにした。もちろん、現実問題として、彼らが巨大化することは不可能だと科学的には説明がされている。しかし、先の記事ではないが、彼らを畏怖し、尊敬し、知ることで、現在我々が直面している危機的状況を計る〝ものさし〟となるかもしれない。

進化論の第一人者であるチャールズ・ダーウィンが残した言葉がある。

「最も強い者が生き残るのではなく、最も賢い者が生き延びるでもない。唯一生き残るのは、変化できる者である」。

今、地球上において〝変化〟を求められているのは誰なのか？

彼らが巨大化した時、その答えが明らかになるだろう――――――――。

「巨大虫」緊急防衛対策委員会

監修にあたって……

虫というのは小さく目立たない生き物であるが、その造形や生態は多種多様であり動物の比ではない。本書ではこの虫が、〝もし人間サイズになったら?〟というテーマで大迫力のイラストと共に紹介されている。

私は虫飼育もしたことがあるが、その中でも以前飼育していた〝ジャイアントビネガロン〟(P088参照)と呼ばれる北アメリカ産のサソリモドキの捕食シーンはかなりえぐかった。獲物に襲い掛かる瞬発力、一度強力な触肢に捕らえられると二度と逃れることはできず、生きたままバリバリと咬み砕き消化しながら食べていく様は、まさに〝モンスター〟であった。

また、身近に見られるような体長6mm前後といったごく小さな〝ユカタヤマシログモ〟(P080参照)という屋内性のクモも本書で取り上げてもらった。小さいながらも、体中に描かれた怪しい斑模様に胴体よりも大きい頭部を持ち、口から粘液を吐いて獲物を捕らえるといった特技を持ち合わせるクモで、こんな虫が人間大になったら〝妖怪〟以外の何者でもないのである。

このように虫の中でも、大きくなったら厄介な虫をテーマ毎に厳選し、〝原色〟ならぬ〝異色〟の虫図鑑として実に面白い内容に仕上がっている。

築地琢郎

※注：本書は、本のテーマ上、一部、誇大表現が含まれていることもありますが、あくまでもフィクションとして楽しんでいただければ幸いです。中には学術上の正式名称を使用せずに紹介している虫や、その実在が不透明となっている虫も掲載されています。また、本書に登場する〝虫〟は、分類学上の〝昆虫〟を指しているのではなく、日本語における概念的なニュアンスとしての〝虫〟を指しています。具体的には節足動物(昆虫類、多足類、鋏角類)を中心に取り上げておりますが、カニやエビなどの甲殻類は外してあります。ですので、学術書や研究書としての参考資料にはなり得ない部分もあることをご了承ください。

〝人間〟たら……
リアルであり、
恐怖が散りばめられている。

最凶の虫 王座決定戦

Science Fiction

「巨大虫」防衛対策および「危険虫部隊」構成要員目録

【5章】刺殺 罠猟

【6章】寄生 吸血

【7章】不死 特殊能力

【Column】防虫対策マメ知識

ゴキブリ 害虫の王

時速320㎞で疾走する最強不快生物！

時速320㎞＝「初速」の恐怖!
人類は為す術なく捕食される!?

時速5～6㎞で走るゴキブリ。人間サイズに換算すると時速270㎞～320㎞にもなる。恐るべしはこれが「初速」であること。人間の「気配」を感知する高感度センサーも備えているので、こっそり逃げ出す事も不可能…。

人類史上最大にして最強のライバル

ゴキブリ

学名:*Periplaneta fuliginosa*(クロゴキブリ)/*Blatella germanica*(チャバネゴキブリ)
分類:節足動物門/昆虫綱/ゴキブリ目/ゴキブリ科・チャバネゴキブリ科
体長:30〜40㎜(クロゴキブリ)、11〜15mm(チャバネゴキブリ)
生育過程:卵鞘-幼齢-中齢-老齢・成虫
生息地:日本全国の一般家庭・アパート(クロゴキブリ)、飲食店・ビル・地下街(チャバネゴキブリ)
特徴:雑食性で繁殖力も旺盛。ここでは一般的によく見るであろうクロゴキブリとチャバネゴキブリを中心に説明

高速スピードと
高機能レーダー
物量まで兼ね備えた
最強生物
Photo By Takuro Tsukiji ※注:写真はクロゴキブリ

生態 身体能力・繁殖力に優れた「エリート」害虫

その禍々しい姿もさることながら、ゴキブリが嫌われる一番の理由はそのスピード。1秒で自分の大きさの50倍の距離を移動するが、原動力はシンプルかつ強力に発達した筋肉に支えられた特異な走り方にある。

移動中は常に3本の脚が接地している状態で、残りの3本の脚を前に動かし新たに体を支える3点を確保。その後、接地していた3本の脚を地面から離す…という運動を超高速で繰り返すことで、人間換算で320㎞という驚異のスピードを実現するのだ。

繁殖力も凄まじい。22〜28個の卵を乾燥から守る殻に包んだ1㎝程度の卵鞘《らんしょう》を一回に一個、一生に15〜20回ほど産卵するが、環境がよければ成長率は100%に近いこともある。

また、その交尾も実に特徴的。メスのフェロモンに誘われたオスは、羽の下にある刺激体からオス専用のフェロモンを分泌。うっとりと刺激体を舐めるメスの隙をつきオスは合体。その交尾は1時間以上になることもあるという。

もしも “ゴキブリ” が人間サイズになったら……生き地獄が待っている!?

Photo By アールクリエイション／アフロ
※注：写真はクロゴキブリ

触角
人肉の臭いと危険をキャッチ!
2本の長い触角は臭いと触角を探知。前方の障害物も事前に察知。
爪間盤《そうかんばん》
壁を這ってどこまでも追跡!
脚の先端には爪間盤という粘着力も持つパットが付き、ガラスの壁でもよじ上る。
微毛
人間の足音を感じとる!
6本の脚にびっしり生えた微毛が振動を感知する。
尾葉
わずかな空気振動も見逃さない!
空気の動きをキャッチする器官。人間に聞こえない小さな音も感じ取る。

逃げ出す事さえ許されない!　その後はペロペロ地獄が…

スピードではまったく敵わないが、「見つかる前にこっそり逃げる…」という手も通じない。よく「潰そうと新聞を振りかぶった瞬間逃げた」と言われるが、それは真実だ。全身に張り巡らされたセンサーが、わずかな空気振動、臭いなどを察知し0.054秒以内に逃走。たとえロケットに乗ろうが、人間が準備した瞬間に察知してしまうのだ。

ただし、ゴキブリには動いてる生物を捕獲し咬み付いたり刺したりする攻撃性はない。人間サイズになって人間を捕まえたとしても、ゴキブリの食性から考えると延々と舐められジェル状に柔らかくなった所で少しずつ食べられる生き地獄が待っている。

むしろその前に、ゴキブリの持つサルモネラ菌、小児まひウイルスなどの病原菌、糞や死骸によるアレルギーで人類は絶滅してしまう可能性も（詳しくはP190参照）。

オオゲジ
人類最後の希望は
対ゴキブリ殲滅三銃士!

最凶の害虫を喰い散らかす知られざる裏番長たち

最凶と呼ばれるゴキブリにもやはり天敵はいる。寄生に補食…見た目はゴキブリ以上の極悪っぷりだが、実は陰に隠れた「益虫」の一面もある。

ゴキブリを宿主にする美しき「宝石」

エメラルドゴキブリバチ

学名：*Ampulex compressa*
分類：節足動物門/昆虫綱/膜翅目/セナガアナバチ科
体長：最大22mm程度
生育過程：卵-幼虫-蛹-成虫（完全変態）
生息地：南アジア、アフリカ、太平洋諸島などの熱帯地域の森林
特徴：ゴキブリに2回ほど毒を注入し、対象を意のままに操り繁殖する

卵→幼虫→蛹→成虫まで…
ゴキブリを喰い尽くす狂気の宝石バチ!

生態 意識は無し…ただし体は勝手に地獄へ向かって…

美しい玉虫色のボディから「ジュエルワスプ」の別名もある。小さい体と美しさとは逆に、その手口は残忍極まりない。

まずゴキブリの胸部をひと刺しし、前肢の動きを30分ほど鈍くさせる。次は脳部へ2回目の刺撃を行ない逃避本能を奪うと、まさに犬の手綱を引くように、ゴキブリの触角を引っぱり巣穴へ移動する。卵を腹部に産みつけた後は巣穴に放置。3日間ほど経ち孵化した幼虫はゴキブリの腹部を喰い破り、約8日間内臓を喰い尽くす。蛹化時にゴキブリは死亡。さらに1ヶ月間蛹のまま体内にとどまり続け、成虫になって外に出てくる時には、当然ゴキブリは干涸びた殻だけになっている。

毒によって四肢を麻痺させ、幼体の餌にする虫は多いが、ある程度行動可能な状態に保つことで、移動する際に活用する虫という点では、研究対象としては非常に貴重な虫であるともいえるだろう。

もしも〝エメラルドゴキブリバチ〟が人間サイズになったら……死こそが快楽!?

Photo By Alamy／アフロ

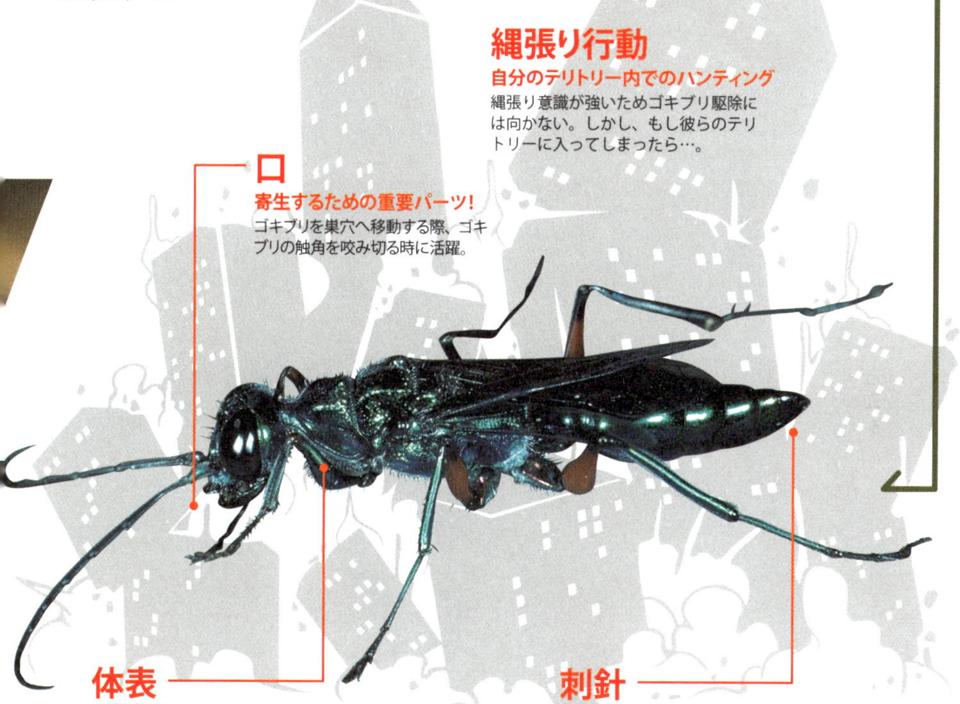
縄張り行動
自分のテリトリー内でのハンティング
縄張り意識が強いためゴキブリ駆除には向かない。しかし、もし彼らのテリトリーに入ってしまったら…。
口
寄生するための重要パーツ!
ゴキブリを巣穴へ移動する際、ゴキブリの触角を咬み切る時に活躍。
体表
鮮やかすぎるメタリックエメラルド!
金属光沢を持つ青緑色のボディに人類は騙される…。
刺針
胸部と脳を的確に貫く!
1回目は胸部、2回目は脳を刺し、毒物を注入する。

生かさず殺さず……意識アリの逆寄生生活…

もし人間がエメラルドゴキブリバチのエサとなったなら…。本書籍に登場する虫の中でも最悪な精神状況になるだろう。

2回の刺撃により、体は動くが逃避本能のみが奪われる。もしかしたら、痛みも感じるし、「逃げる」以外の正常な精神状態も保たれているのかもしれない。しかし体は勝手に巣穴へ向かってしまう…。

刺撃後、このハチはゴキブリの触角2本を半分だけ咬み切る。人間に例えるなら目、鼻、耳を片方奪われるようなもの。この行動は自分の体液を調節するため、もしくはゴキブリに注入する毒の量を調節するためといわれる。つまりゴキブリに逃げられず、殺さない程度に毒を調節しているのだ。

もはや人間には少しでも早い死を望むしかない。しかしその苦痛は幼虫に内臓を喰い散らかされ干涸びるまで続くのだ…。

「最凶」ゴキブリを喰らう超大型クモ

アシダカグモ

学名：*Heteropoda venatoria*
分類：節足動物門/クモ綱/クモ目/アシダカグモ科
体長：100mm～130mm（全長）

生育過程：卵-幼虫-成虫
生息地：全世界の熱帯、亜熱帯、温帯の人家周辺

特徴：大きさゆえに毒グモと間違われやすいが、人間に影響する強い毒は持っていない

ゴキブリ以上のスピードキング！
半年あればゴキブリを全滅に！

生態 食事中のエサを放置して、新たなエサの捕獲に走る！

日本においてゴキブリの天敵といえば、何といってもこのアシダカグモだ。脚を含めると最大CDサイズほどで、かなり見た目は恐ろしいが、「アシダカグモが2,3匹いる家ではゴキブリは約半年で全滅する」（安富和男著『ゴキブリ3億年のひみつ』）という。人間にとってはかなりの「益虫」なのだ。

糸で網を張るタイプではないが待ち伏せ型の補食も可能で、近くを通ればゴキブリ以上のスピードで追いかけ即座に捕獲。消化液を注入するや残す所なくゴキブリを喰い尽くす。その食欲は旺盛で、捕食中に新たな獲物を見つけると、そのエサを放置してまで狩りを行なう習性があり、一晩に20匹ものゴキブリに咬み付いたという記録も。

強い殺菌能力のある消化液で自身の脚も手入れするため、病原菌を媒介する可能性も低く、万が一人が咬み付かれても、人間に対する毒性はほとんどない。ぜひ一家に一匹は飼っておきたい「虫」なのだ。

もしも〝アシダカグモ〟が人間サイズになったら……仲間を見捨てるしかない!?

Photo By Takuro Tsukiji

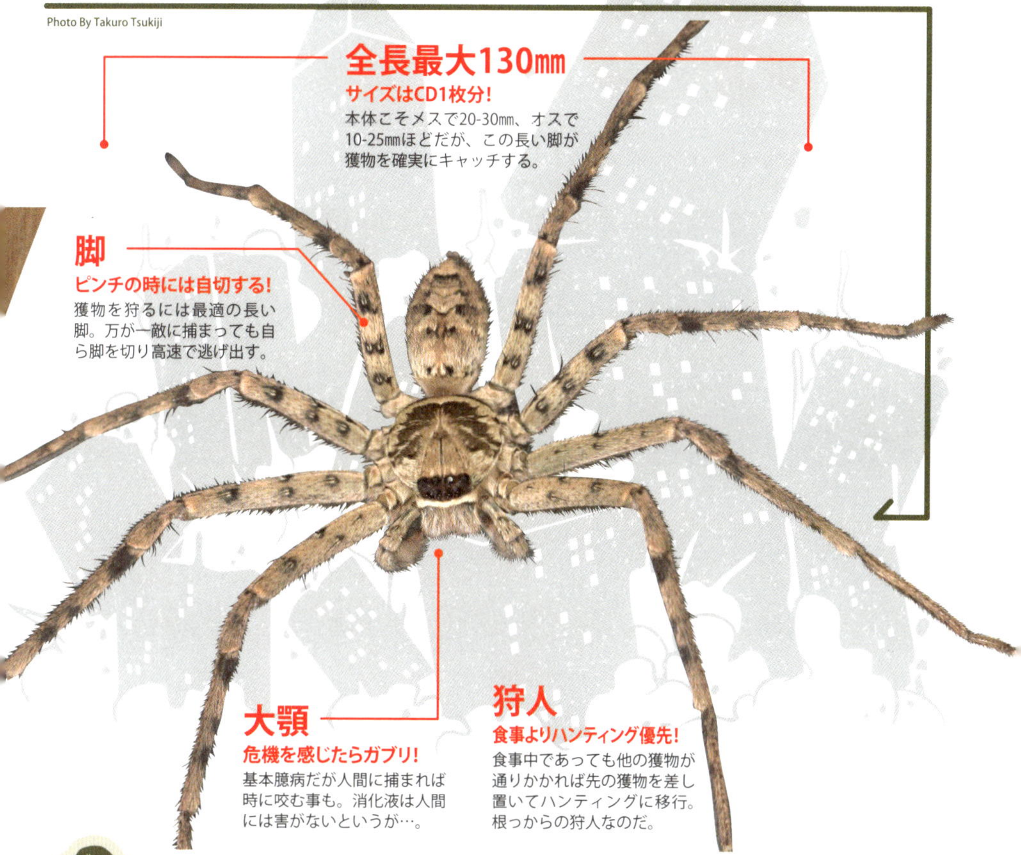
全長最大130㎜
サイズはCD1枚分!
本体こそメスで20-30㎜、オスで10-25㎜ほどだが、この長い脚が獲物を確実にキャッチする。
脚
ピンチの時には自切する!
獲物を狩るには最適の長い脚。万が一敵に捕まっても自ら脚を切り高速で逃げ出す。
大顎
危機を感じたらガブリ!
基本臆病だが人間に捕まれば時に咬む事も。消化液は人間には害がないというが…。
狩人
食事よりハンティング優先!
食事中であっても他の獲物が通りかかれば先の獲物を差し置いてハンティングに移行。根っからの狩人なのだ。

ヤツの闘争本能を逆手に取れば生き残れる!?

待ち伏せしているアシダカグモにうっかり近づけば、長い脚が即座に伸びて捕獲されてしまう。たとえ遠ざかっていても、ゴキブリ並かそれ以上ともいわれるスピードで、あっという間に追いつかれジ・エンド。注入される消化液は人間には無害というが、逆になかなか死ねない地獄を味わうかもしれない。

ただしヤツにも隙はある。喰っている最中でも、そばをゴキブリが通り過ぎたならば、エサを放置し、本能でそちらに襲いかかってしまうのだ。

つまり、あくまでもゴキブリの天敵であるという習性が残っているならば、我々にとっては〝益虫〟となる可能性は少なからずある。ただし、闘争欲と食欲も無尽蔵。ゴキブリが周囲にいなければ、狙われないとは言い切れない。逃れるには一緒にいる人間を囮に使うしか逃げ道はなさそうだ……。

視覚的にも恐ろしい使徒型エイリアン

オオゲジ

学名：*Thereuopoda clunifera*
分類：節足動物門/ムカデ綱/ゲジ目/ゲジ科
体長：最大70mm程度

生育過程：卵-幼虫-成虫
生息地：日本本州南岸部以南の森、石灰岩地帯の洞窟など

特徴：高い運動性と視覚性を持つが、人にはほぼ影響が無くゴキブリなどの天敵

15本×2対＝計30本の脚が
ゴキブリ級の
スピードを生み出す！

生態 ゴキブリ以外の害虫も捕食する人類の救世主!?

主に洞窟内などの薄暗い所に住むが、人家の倉庫内などでも見かける。最大70㎜にも及ぶサイズと長過ぎる触角と30本の脚が、地球上の生き物とは思えない恐怖感を与えるが、コレも害虫を食べる益虫だ。

16節からなる胴体と計30本の脚により、体をムカデのようにくねらせるのではなく、滑るようにゴキブリ並の高速で動く。食性は肉食で、ゴキブリの天敵。樹上での待ち伏せ攻撃や、低空を飛ぶ蛾をジャンプして捕えるなど、高い運動能力を誇る。

また、鳥などの外敵に捕まった時には脚を自切することができる。しかも切れた脚がキチキチという音を立てるので、敵がそれに気を取られているうちに逃げるのだ（その後、切れた脚は脱皮時に再生）。

昆虫とは異なる種だが、昆虫と同じような一対の複眼に似た「偽複眼」を有するため、高い視覚能力を持つなど、虫としてのスペックは非常に高いのである。

もしも〝オオゲジ〟が人間サイズになったら……目撃しただけで失神する!?

Photo By Takuro Tsukiji

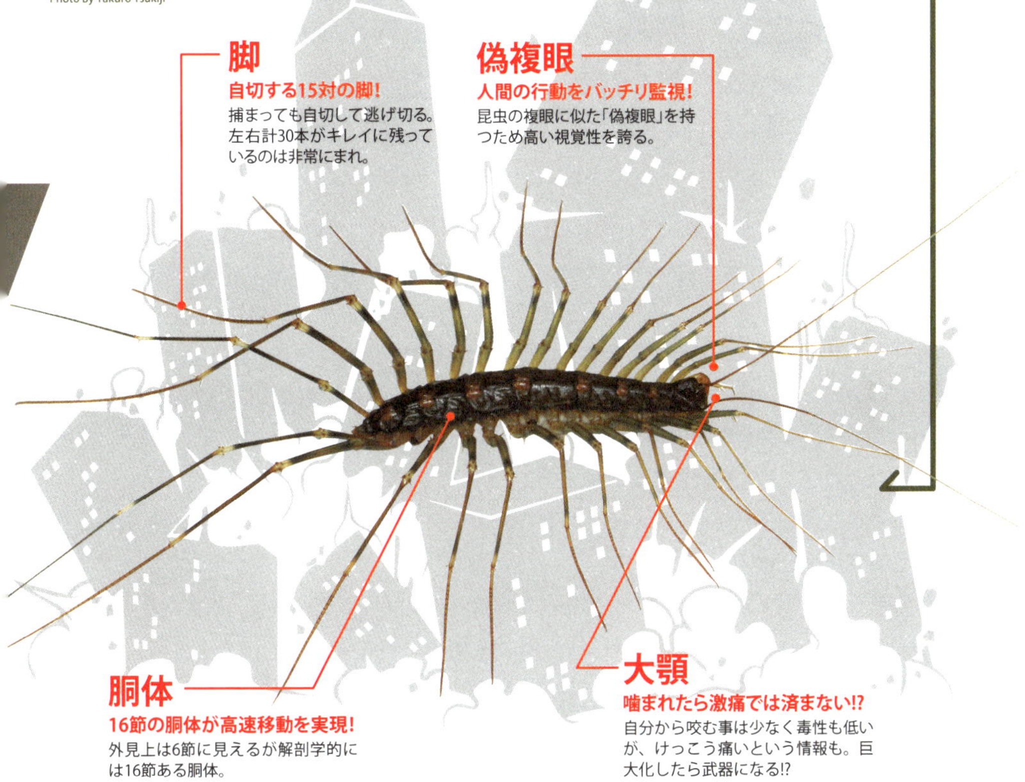
脚
自切する15対の脚！
捕まっても自切して逃げ切る。左右計30本がキレイに残っているのは非常にまれ。
偽複眼
人間の行動をバッチリ監視！
昆虫の複眼に似た「偽複眼」を持つため高い視覚性を誇る。
胴体
16節の胴体が高速移動を実現！
外見上は6節に見えるが解剖学的には16節ある胴体。
大顎
噛まれたら激痛では済まない!?
自分から咬む事は少なく毒性も低いが、けっこう痛いという情報も。巨大化したら武器になる!?

オオゲジの群れに抱擁されながら死んでいく……!?

ゴキブリ級のスピードを誇るオオゲジ。逃げたところですぐ捕まるのは目に見えている。とはいえ隠れても、偽複眼による高い視覚性により、探し出されてしまうだろう。身体能力も相当高いので、ビルの上から突如襲いかかられたり、高所に逃げても跳ね上がって来る可能性がある。

ゴキブリ以外の様々な虫も食べる肉食性なので、人肉に対して旨味を感じてしまったら……。通常サイズでも咬み付かれるとなかなかの痛みが走るとされているので、巨大化した場合は激痛どころか死に至ることもあるだろう。

不快に蠢く30もの脚で羽交い絞めにされたならば、それだけで失神する確率は高い。ジワジワと死を待つよりはその方が幸せかもしれないが……。〝死の抱擁〟とでも呼ぶべきか。

防虫対策
もしもの時のために知っておくべき
虫についてのエトセトラ
マメ知識
其の01

If an insect becomes the human being size……

陸の王者・虫が成功した3つの理由

外骨格、変態、共生……4億年間も生存できたのはなぜか?

外骨格には昆虫の叡智が溢れている!

生物界は、基本的に強者が弱者を喰らう食物連鎖により成り立っている。5億4300万年前から変わらない事実だ。そして、この過酷な生存競争が昆虫に爆発的な進化をもたらした。そのひとつが、外骨格《がいこっかく》と呼ばれる昆虫の体表を覆った堅い殻だ。

この異形の武装は、進化の過程で昆虫が取り入れた捕食者対策であり、「襲うと危険だぞ」という視覚的な意思表示の役割も果たしている。また、極端な寒暖や風雨、乾燥といった苛酷な環境下で生き延びる術でもあるのだ。

外骨格は、キチン質という、タンパク質やカルシウム塩を中心とした無機塩類などが複合した多重構造体で形成されている。その外皮は、内、外、上の3層からなるクチクラと呼ばれる物質からなる。クチクラは撥水性に優れており、体積に対して表面積が大きい昆虫が水分を失わないよう、保護膜として乾燥を防いでくれるのだ。

マクロな昆虫の世界——。だが、ひとたび眼を凝らすと、そこには進化の過程で彼らが編み出した叡智に満ちている。

人類以上に進化し栄耀栄華を誇る地上最強生物の生態とは?

◎キチン質(「包む」が語源)で覆われ、外皮はクチクラと呼ばれる。内、外、上の3層構造。

変態は、絶滅を回避する“保険”だった！？

2013年現在、地球の総人口は71億人に達している。種の構成員が増加すれば、必然的に食糧の消費量も増加する。だが、土地や資源には限りがある——。

こうした食糧危機をクリアするために、昆虫たちが取り入れたのが、成長過程で形態を大きく変化させる変態だ。この変態も、昆虫たちが繁栄した大きな要因であるだろう。

たとえば、チョウやカブトムシといった成長過程で形態を著しく変化させる昆虫は、幼虫と成虫とでは生息場所やエサが異なっている。また､幼虫の役割は発育することであり、成虫の役割は生殖して種の保存に努めることだ。昆虫たちの世界では、分業化が徹底されている。これにより、幼虫と成虫の間で、エサをめぐる競争の軽減が可能になるのだ。

そして、変態する昆虫は、成長の段階によって異なる場所で生息することで、生育場所が悪化し、種が絶える危険を回避することができる。仮に成虫が絶滅する危機に瀕しても、土中で成長する蛹は生き延びられるよう、リスクを分散させているのだ。

近い将来、人間が昆虫たちに生きる知恵を学ぶときが来るのかもしれない。

◎変態には、蛹期のある完全変態と、蛹期のない不完全変態とがあり、前者のほうが新しい。

昆虫と植物の知られざる共生・共進化

昆虫たちは、自分たちのみならず、寄生する線虫類や植物ウイルスなどによりミクロな生物たちと絶えず密接な関係を保ちながら進化してきた。

ランの仲間のオフィリス類は、ハチやアブなどの昆虫に瓜二つな花を咲かせる。メスに化けてオスを誘引し、花粉媒介をしてもらうための進化だ。そのため、驚くことにビロードのような細毛を密生させ、オスがメスを抱くときの感触まで擬態している。

また、熱帯にはアリ植物と呼ばれる植物が多数存在しており、アリに住居を提供する代わりに植食者から守ってもらったり、アリの排泄物を栄養にしたりしている。例えば、ある種のアカシアは、棘の中にアリを住まわせて、蜜腺から蜜を提供する代わりに、葉を食べにくる動物を追い払ってもらうのだ。こうして、熱帯では多くの植物が花外蜜腺《かがいみつせん》から糖を分泌することで、アリを誘い寄せている。アリがいるだけで、植食性の昆虫が周囲に寄り付かなくなるのだ。

このように、昆虫たちは相互に共生・共存しながら進化してきたのである。

◎オフィリスの花は、メスが出すフェロモンに似た匂いを発散させ、ハチやアブを誘引する。

「巨大虫」から身を守るための心得

防衛対策にあたっての本書の見方

本書では、もしも〝虫〟が〝人間サイズ〟になった場合に備え、その虫が本来持っている能力や、過去の人類との繋がりなどの歴史を解説し、さらに巨大化した際の考察も展開しております。危険度を把握し、有事の際はすぐにでも逃走ができるように虫の写真もできる限りわかりやすいものを掲載しました。

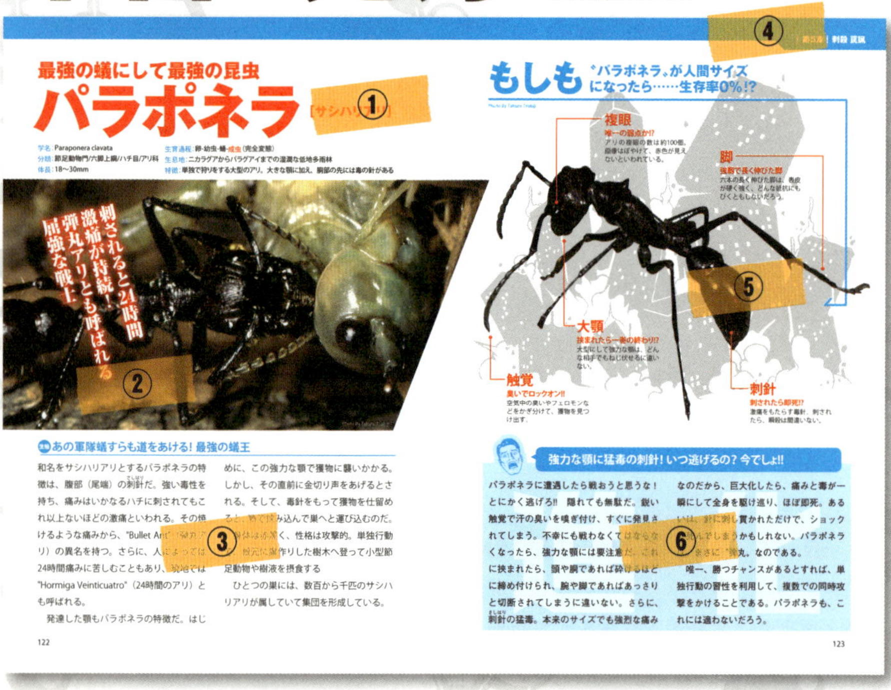
最強の蟻にして最強の昆虫
パラポネラ［サシハリアリ］①

学名：Paraponera clavata
分類：節足動物門/六脚上綱/ハチ目/アリ科
体長：18〜30mm
生育過程：卵-幼虫-蛹-成虫（完全変態）
生息地：ニカラグアからパラグアイまでの湿潤な低地多雨林
特徴：単独で狩りをする大型のアリ。大きな顎に加え、腹部の先には毒の針がある

刺されると24時間激痛が持続！弾丸アリとも呼ばれる屈強な戦士 ②

あの軍隊蟻すらも道をあける！最強の蟻王 ③

和名をサシハリアリとするパラポネラの特徴は、腹部（尾端）の刺針《さしはり》だ。強い毒性を持ち、痛みはいかなるハチに刺されてもこれ以上ないほどの激痛といわれる。その焼けるような痛みから、"Bullet Ant"（弾丸アリ）の異名を持つ。さらに、人によっては24時間痛みに苦しむこともあり、現地では"Hormiga Veinticuatro"（24時間のアリ）とも呼ばれる。

発達した顎もパラポネラの特徴だ。はじめに、この強力な顎で獲物に襲いかかる。しかし、その直前に金切り声をあげるとされる。そして、毒針をもって獲物を仕留めると、顎で挟み込んで巣へと運び込むのだ。体は赤黒く、性格は攻撃的。単独行動で、樹冠に巣作りした樹木へ登って小型節足動物や樹液を摂食する

ひとつの巣には、数百から千匹のサシハリアリが属していて集団を形成している。

122

④

もしも〝パラポネラ〟が人間サイズになったら……生存率0%!? ⑤

複眼
唯一の弱点か!?
アリの複眼の数は約100個。画像はぼやけて、赤色が見えないといわれている。

脚
強靭で長く伸びた脚
六本の長く伸びた脚は、表皮が硬く強く、どんな抵抗にもびくともしないだろう。

大顎
挟まれたら一巻の終わり!?
大型にして強力な顎は、どんな相手でもねじ伏せるに違いない。

触覚
臭いでロックオン!!
空気中の臭いやフェロモンなどをかぎ分けて、獲物を見つけ出す。

刺針
刺されたら即死!?
激痛をもたらす毒針。刺されたら、瞬殺は間違いない。

強力な顎に猛毒の刺針！いつ逃げるの？今でしょ!! ⑥

パラポネラに遭遇したら戦おうと思うな！とにかく逃げろ!! 隠れても無駄だ。鋭い触覚で汗の臭いを嗅ぎ付け、すぐに発見されてしまう。不幸にも戦わなくてはならなくなったら、強力な顎には要注意だ。これに挟まれたら、頭や胴であれば砕けるほどに締め付けられ、腕や脚であればあっさりと切断されてしまうに違いない。さらに、刺針《さしはり》の猛毒。本来のサイズでも強烈な痛みなのだから、巨大化したら、痛みと毒が一瞬にして全身を駆け巡り、ほぼ即死。あるいは、針に刺し貫かれただけで、ショックで死んでしまうかもしれない。パラポネラはまさに〝弾丸〟なのである。

唯一、勝つチャンスがあるとすれば、単独行動の習性を利用して、複数での同時攻撃をかけることである。パラポネラも、これには適わないだろう。

123

① 個体名称および分類

名前から特徴までわかりやすく記載

●学名や分類、体長、生育過程、生息地、さらには特徴までを記載。防衛対策としてだけではなく、純粋に図鑑としても虫を調べることが可能となっています。

② 鮮明写真

写真は可能な限りに鮮明なものを

●虫の持つ恐ろしい生態が細部までわかる拡大写真を中心に掲載しています。小さな虫だからといって甘くみることがないように、あえて恐怖心を煽っております。

③ 生態解説

虫の生態や歴史を詳しく解説

●本来、その虫が持ちあわせている能力や特徴、歴史や逸話などを詳しく解説しています。中にはすでに現サイズですら人類にとって危険生物となっている虫もいます。

④ カラーインデックス

章ごとにイメージカラーを変化

●全7章を色分けすることで、目的の章への移動がスムーズに行なえるよう工夫してあります。いざという時にでもすぐに目当ての虫に辿りつけるはずです。

⑤ 分析写真

もしも〝虫〟が巨大化したら……

●その虫が持つ体の構造的な武器や生態が、巨大化した際にはどういった変化を見せるのか？ 虫の全体像がわかる写真を元に分析し、その恐るべき特徴を予測します。

⑥ 進化考察

巨大化した虫たちが蠢く世界

●人間サイズになった虫たちが、人類の前に現れたら、街を襲ったらどうなるのかを徹底考察。脅威的な虫の能力を理解した時、それでも生きることを望みますか？

猛毒

1章

If an insect becomes the human being size

暗殺

オオスズメバチ

ペルビアンジャイアントオオムカデ

デスストーカー

ベネズエラヤママユガ

ヤマンギ

スパニッシュフライ

クロドクシボグモ

ゴライアス・バードイーター

高い戦闘能力と一撃必殺 闘争フェロモンで増援も！

相手が何であろうと戦闘モードに入ると激しく攻撃。毒液の中に含まれる警報フェロモンを噴出し増援部隊を呼び寄せる。一度に複数回刺されるとショック死する可能性もある。

激しい闘争本能を持つ
日本原産の最強種
オオスズメバチ
猛毒の狂戦士

ハチの頂点に君臨するウォリアー

オオスズメバチ

学名：*Vespa mandarinia*
分類：節足動物門/昆虫綱/ハチ目/スズメバチ科
体長：40〜50mm（女王バチ）、27〜38mm（働きバチ）

生育過程：卵-幼虫-蛹-成虫（完全変態）
生息地：東アジア、日本

特徴：ハチ類の中で最も強力な毒を持ち、攻撃性も非常に高い。ちなみに刺すのはメスだけ

警告に従わなければ
即攻撃
毒針で味わう
「毒のカクテル」
Photo By Masahiro Turugi／アフロ

生態 戦士らしい礼儀のよさと戦闘能力の高さ

日本固有種の巨大なスズメバチ。日本に生息するハチ類の中でも強力な毒を持ち、その毒性から「日本で最も危険な野生生物」とさえいわれる。体長は女王バチが40〜50mm、働きバチが27〜38mm、雄バチが27〜40mmと働きバチよりもひと回り大きい。一般的な昆虫の中でもキングサイズで、オレンジと黒の縞模様という視認性のよさも手伝って、たとえば山道で不意に出会ったとしてもその危険性は瞬時にわかる。その羽音もまるで甲虫が飛ぶような重低音。オオスズメバチの存在感は半端じゃない。

ただし彼らはいきなり攻撃することはなく、まず最初に威嚇してくる。攻撃対象との距離を詰めつつ、大顎を「カチカチ」と鳴らすのである。逃げるならこれが最後のチャンスだと—。まさに戦士らしい礼儀の良さではなかろうか。とはいえその毒性は命に関わる。この日本に最強のハチが存在するということに運命を呪うほかない。

もしも“オオスズメバチ”が人間サイズになったら……肉団子にされる!?

Photo By Takuro Tsukiji

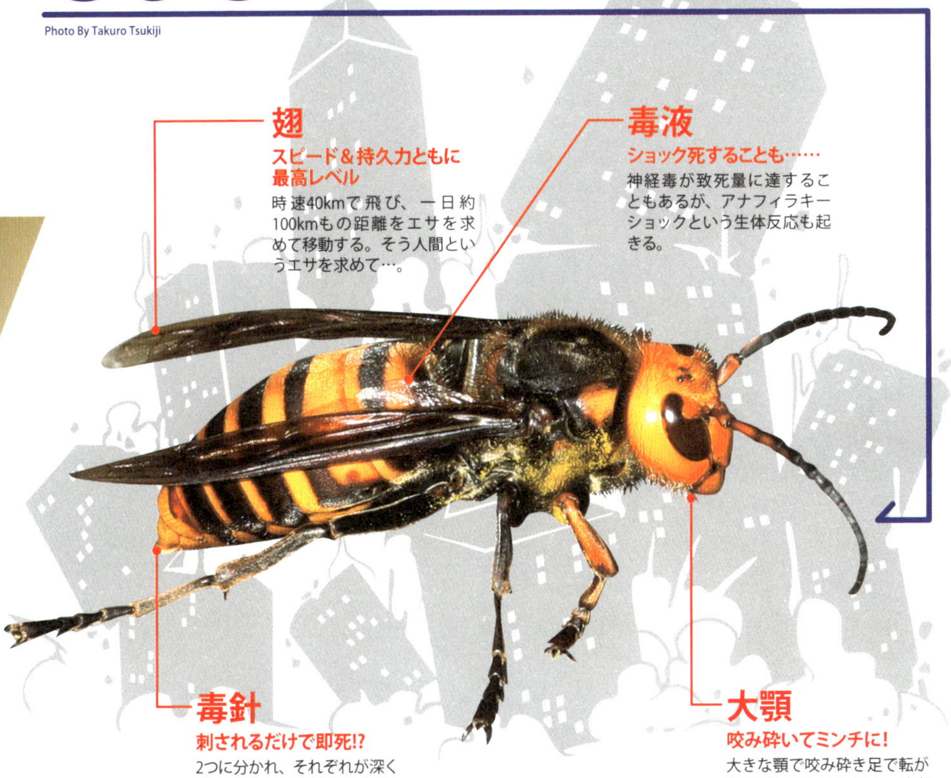
翅
スピード＆持久力ともに最高レベル
時速40kmで飛び、一日約100kmもの距離をエサを求めて移動する。そう人間というエサを求めて…。
毒液
ショック死することも……
神経毒が致死量に達することもあるが、アナフィラキーショックという生体反応も起きる。
毒針
刺されるだけで即死!?
2つに分かれ、それぞれが深くえぐっていくように動く。これだけで致命傷を与えられる。
大顎
咬み砕いてミンチに!
大きな顎で咬み砕き足で転がしながらミンチを作る。幼虫のエサにするためだ。

人間をエサにする「プレデター」。我々は狩られるしかない!?

仮に毒を持たなかったとしても、最大の武器はやはり毒針である。オオスズメバチとなれば針の長さが10mmに及ぶものもあり、人間サイズとなれば、40cmに及ぶ。

構造的にハチの針は鋸状の刃が密生した尖針《せんしん》2本からなり、それぞれが交互に動いて深く貫く動きをする。これによって皮膚組織は寸断され、深々と針が差し込まれるのだ。もし体を貫かれればこれだけで致命傷となるだろう。

毒は防ぎようがない。毒の成分の中でも最も危険なのはセロトニンやアセチルコリンなどの神経毒だが、大きさに比例して毒液も致死量を越えると考えられる。つまり捕まったらそれで終わり、である。同族のハチをも狩ってしまうオオスズメバチである。大顎によって咬み砕かれ、肉団子にされる運命から逃れられる可能性は低い。

世界最大の〝王〟百足

ペルビアンジャイアントオオムカデ

360度から忍び寄る高機動型プレデター

巨大な毒牙と無数の足で絡みついて貪り喰う

巨体といえども幾つもの体節を持つ多足類という特殊な構造は、死角からの予期せぬ攻撃を可能にする。その毒の顎に捕えられたが最後、身体の自由を奪われ貪り喰われる。

食物連鎖無視の下剋上生物

ペルビアンジャイアントオオムカデ

学名：*Scolopendra gigantea*
分類：節足動物門/唇脚網/オオムカデ目/オオムカデ科
体長：300mm　生育過程：卵-幼虫-成虫
生息地：東アジア、日本
特徴：肉食性で昆虫類からトカゲなどの爬虫類、鳥類なども襲う

存在そのものが規格外！
体長40cmを越える個体も
Photo By Alamy／アフロ

生態 ヘビやネズミも捕食する食物連鎖ブレイカー

「ペルビアン」の名が冠されているがペルー固有種ではなく、南米アマゾンの熱帯雨林に生息する。「巨大オオムカデ」の学名どおり世界最大のムカデであり、一般的には体長20～30cm、大きなものでは50cmを超える個体もみられる。茶褐色の頭部と褐色の胴体、そして黄色の脚という派手な体色は、神が与えた自然の摂理の通り、有毒生物である証。咬まれた獲物は一瞬にして動けなくなる。

激しい攻撃性を持ち、多足類特有の機敏かつトリッキーな動きで獲物を捕食する。捕食する際にはまず頭部の次の体節にある巨大な顎肢《がくし》を用いて獲物に咬み付く。この顎肢はムカデだけに見られる器官で、脚部がまるで牙のように進化したもの。すべてのムカデはここに毒腺があり、捕えた獲物の抵抗を封じてゆっくりと食んでいくのだ。基本的に肉食ではあるが、果物や動物の死骸なども食べる「悪食」である。

もしも "ペルビアンジャイアントオオムカデ" が人間サイズになったら……嬲り殺される？

Photo By Photoshot／アフロ

毒牙
抵抗を無力化する顎肢
脚部が進化したもので厳密には牙ではないが、強烈な力で咬み付き毒を注入する。
歩肢
百の脚で獲物をストック
複数の獲物を捕えた場合には、複数ある脚で獲物をキープ。巨体を利した武器といえる。
体節
複雑な動きで標的を狙う
顎肢を用いた多彩な攻撃を可能にするのが特殊な体の構造。頭上からの一撃は要注意。

無数の脚に抱かれ、生きながらにして喰われる

ムカデはいつの間にかそこにいる。壁をよじ登り、わずかな隙間に隠れて生活空間に忍び込む。機動性の高さは人類の比ではない。さらに狩りの方法も特殊である。地を這うヘビを捕食することもあれば、洞窟の壁を這い上り、ぶら下がっているコウモリを捕まえることもあるのだ。武器は唯一、その巨大な毒牙であることはわかっていても、その特殊な動きから繰り出される攻撃を予測するのは難しい。言わずもがな、2本の牙に咬まれたらそれで終わりである。強烈な力があるため、咬まれた部分によってはひと咬みが致命傷になりかねない。

ムカデの毒性は種類によって違うが、こればかりは咬まれてみなければわからない。吐き気を催しても、もう遅いかもしれないが、全身が麻痺していれば痛みも感じないだろう。それがせめてもの救いだ。

デスストーカー

闇に紛れる暗殺者

暗闇から音もなく迫る
最凶致死率の猛毒サソリ

2つのハサミで動きを封じ頭上から毒針の一撃!

攻撃性が高く、狙った獲物は一撃で仕留める優秀なハンター。地面に這いつくばり足下を狙う素振りで誘い、頭上から素早く尻尾の毒針を振り下ろす。刺されればそれで終わりだ。

猛毒の一撃で仕留める闇の狩人

デスストーカー

学名：*Leiurus quinquestriatus*
分類：節足動物門/クモ綱/サソリ目/キョクトウサソリ科
体長：50～80mm

生育過程：幼虫-成虫
生息地：東アジア、日本

特徴：サソリの中でもっとも強い毒を持つ。動きもすばやく砂漠の上を自由自在に動き回る

古代の人々も畏怖した
一撃必殺の猛毒暗殺者
Photo By アマナイメージズ

生態 日本輸入禁止の危険種！ 猛毒は神をも殺す!!

サソリはおよそ4億年以上前から生息していたとされ、その姿形は何も変わっていない。数々の神話や伝説に登場するが、そのほとんどは猛毒で人を死に至らしめる危険生物として描かれている。

熱帯雨林に生息する巨大なサソリは迫力があるものの、凶悪なルックスの割に毒性は弱く、毒の量も少ない。それに比べ、砂漠に生息する華奢な、ピンセットのように小さなハサミを持ったサソリの方が毒性が強く、毒の量も多い傾向がある。中でも最も毒性が強いのがデスストーカーだ。

地面に這いつくばり、前部には2本の腕と小さく鋭いハサミ、4対の脚の後ろには尻尾のように見える猛毒入りの後腹部、その先端には鋭い毒針。ハサミはあくまで獲物を押さえつけるためのものだが、一旦捕まれば一瞬で毒針を刺されて一巻の終わり。華奢に見えるデスストーカーは、毒殺に徹した、まさに死のストーカーなのだ。

もしも〝デスストーカー〟が人間サイズになったら……体を溶かされ喰われる!?

Photo By アマナイメージズ

尾節（毒針）
致死量オーバーの毒液
尾の太さは毒の強さに比例するといわれるが、人間サイズになったら当然致死量を超える。
触肢（ハサミ）
四肢を引きちぎる両腕
ハサミが小さいほど毒が強い傾向があるが、挟まれて体を引きちぎられれば、当然毒に意味はない。
攻撃性
すべての生物をなぎ倒す
非常に気性が荒く、攻撃性が高い。どんな生物にも向かっていき、虐殺の限りを尽くす。
鋏角（口）
溶解液でドロドロに
口にあたる部分で、ここから溶解液を出し、獲物を溶かして少しずつすすっていくのだ。

即死できれば運がいい……そうでなければ!?

毒性の低いサソリであれば、刺されても痛みはあるが大きく腫れあがったりする事は少ない。強毒性の場合、多くは神経毒で脱力状態になったり筋収縮を起こしたり、酷くなると呼吸困難に陥ることもある。それでもサソリの毒で即死に至るというケースは少ないといわれる。

デスストーカーは、毒をスプレー状にして噴霧することがある。仮に刺されなくとも、呼吸器官から有毒成分を摂取すればそれは「毒ガス」のように作用する。もしこの毒霧を浴びれば体に変調を来たすのは避けられない。元々サソリという生物は物陰に潜んで獲物を待つ習性がある。この毒ガス噴霧も何ら特殊な攻撃ではなく、彼らの「狩り」のスタイルだといえる。自由の利かない体が溶かされ徐々に喰われる……、その時は絶命していることを祈ろう。

節足動物最強の毒虫

ベネズエラヤママユガ

学名：*Lonomia achelous*
分類：節足動物門/昆虫綱/チョウ目/ヤママユガ科
体長：70～85mm
生育過程：卵-幼虫-蛹-成虫（完全変態）
生息地：ブラジル北部やベネズエラ
特徴：節足動物の中では最強の毒を持つ毛虫。「殺人毛虫」の異名を持つ

そのトゲに触れただけで死ぬ
猛毒をまとったデスキャタピラー

生態 いつの間にか猛毒に侵されるという恐怖

中南米の熱帯雨林に生息するヤママユガの一種で、その幼虫だけが猛毒を持っている。毒性はガラガラヘビやクサリヘビなどと同じ強さの出血毒で、体内に回ると血管系の細胞を破壊しつつ血液凝固を阻害、重篤な内臓出血を引き起こして死に至らせる。そのため、対毒ヘビ用の血清で治療可能ではあるのだが、これが実は難しい。というのも、ベネズエラヤママユガは体全体が植物のような毒棘に覆われており、その1本1本が万遍なく毒を帯びている。その先端に瞬間的に触れただけで毒が注入されるため、自覚症状がないことが多いのだ。そもそも咬まれた記憶もなければ、どこかに刺された傷があるわけでもない。異常の原因が何なのかわからないうちに死に至ることも少なくない。

ジャングルの奥深くに生息していたが、森林開発に伴って被害は爆発的に広がっているといわれる。

もしも “ベネズエラヤママユガ”が人間サイズになったら……全身出血死必至！

容姿
見ただけで失神!?
あまりにも恐ろしい容貌をしているため、巨大化したならば見ただけで気を失いかねない。

大量発生
数年に一度の死のカーニバル
数年に一度大量発生する。もしそうなれば、ひとつの街が壊滅してしまうかもしれない。

毒棘
毒を充填した棘鎧
まさに動くバリケード。１体ならまだしも複数で向かって来られれば逃げるしかない。

猛毒
内臓を壊死させる出血毒
昆虫界最強の毒によって、全身から血を吹き出して死ぬ。好戦的ではないのが救いか。

彼らの怒りが鎮まるまで待つしかない!?

好戦的でもなければ肉食でもないため、たとえ人間サイズになったとしても襲われる心配がないのは救いといえる。ただしその存在自体は何ら安心できるものではなく、もし遭遇すればその猛毒棘によって近づくことができず、逆に彼らの移動を妨げることもできないという事態に陥る。つまり、彼らが本能のまま行動するのを注視しながら何の手立ても打つことができず、逃げ惑うしかない。某名作アニメ映画における、暴走する王蟲《オーム》のようなものである。しかし逆に懐かれてもこれほど困る相手もいないが……。

ベネズエラヤママユガの被害は、もたれかかった木やスリッパの中に潜んでいたところを偶然触ってしまうといった生活空間内でのアクシデントが最も多いといわれる。毒性の強さゆえに、小さな個体であればあるほど危険といえるかもしれない。

山中で恐れられる〝森の悪夢〟

ヤマンギ

［イワサキカレハの幼虫の別名］

学名：*Kunugia iwasakii*
分類：節足動物門/昆虫綱/チョウ目/カレハガ科
体長：100～150mm
生育過程：卵-幼虫-蛹-成虫（完全変態）
生息地：沖縄島、石垣島、西表島
特徴：日本の南端に生息する蛾の幼虫。その毛が皮膚に触れると猛烈な痒みが何日も続く

抜けやすい
毛毒針に要注意
森に潜む
巨大な毒毛虫

Photo By Takuro Tsukiji

生態 毛が刺さると激痛が走る！

日本南部の沖縄本島から石垣島などに分布するイワサキカレハの幼虫で、通称「ヤマンギ」。地元ではハブやハチなどと並んで警戒される毒虫である。体長は10cmから15cmに及び、毛虫の中でも比較的大きな種だが、灰褐色の毛に覆われているため、木の幹などにいても見分けるのが困難だ。そのためそれと気付かず触れてしまうケースが多い。

体の数ヶ所に毒針毛の束があり、外敵に遭遇するとこの部分を突き出す動きをする。刺されると激痛が走り炎症を起こす。数週間は腫れが引かず、酷い痒みが続くという。稀に発熱する場合もある。毒針毛は抜けやすいため、刺された直後に毒針毛を除去しないと患部が拡大するおそれがある。脱皮した殻に残存していたり風に乗って飛ぶこともあるうえ、衣服などの繊維に付着しやすいため、それと知らずに被害を広げてしまうこともある。

もしも 〝ヤマンギ〟が人間サイズになったら……知らぬ間に被害が拡散!?

Photo By Takuro Tsukiji

毒針毛
風に乗って毒矢と化す!
抜けやすいため、帯毒した針毛が風に飛ぶことがある。刺さると抜け、被害をさらに拡大させる。
歩足
どんな場所でも自由自在
スピードは決して速くはないが、陸地ならばどんな場所でも構わず移動できる。
毒
激烈な痒みに襲われる!
毒成分はヒスタミンまたは蛋白性発痛物質。正気を保っていられない!?
擬態
気づかずに毒の餌食に!?
大型の毛虫だが気づかずに触ってしまうことがほとんど。もし巨大化しても擬態能力が変わらなかったら!?

姿を見たら要注意、いなくなっても毒針の罠が……

元々人間とは互いに不可侵な生態系に生息しているだけに、巨大サイズになったとしても襲われる可能性は低いだろう。このあたりは前出のベネズエラヤママユガと同じではあるが、それでも問題は毒針毛である。ヤマンギがいくら巨大毛虫でも毒針毛の長さはせいぜい0.1～0.2mm程度。仮に体長2mと考えても毒毛針は5mmに満たない。これくらいならたとえ刺されたとしてもそれだけでは致死傷には成り得ない。

しかし、やはり問題はその抜けやすい毒毛針だ。この程度の長さなら、風に乗って飛んできたり、衣類に付着した毒毛針が刺さる可能性は大。毒毛針には数種類の毒成分が含まれており、抜け落ちてもそのまま「毒のカプセル」のように放置される。姿が見えなくなっても安心はできない。まるで罠のように毒毛針が残されているのだ。

毒薬レシピにも使われた殺人甲虫

スパニッシュフライ

学名：*Lytta vesicatoria*
分類：節足動物門/昆虫綱/コウチュウ目/ツチハンミョウ科
体長：25mm

生育過程：卵-幼虫-蛹-成虫（完全変態）
生息地：北アメリカからヨーロッパ、中東、アジア

特徴：カンタリジンという毒を持ち、この毒の症状が性的興奮に似るため、西洋では催淫剤として用いられた

体液に含まれる
猛毒カンタリジンは
致死量わずか30mg！
Photo By Alamy／アフロ

生態 妙薬でありながら猛毒、そして意外な効能も……!?

南ヨーロッパから中央アジアの森林に分布する。羽虫を思わせる名前だが実際は甲虫でハンミョウの一種。分類上はツチハンミョウ科に属し、体液にはカンタリジンと呼ばれる刺激性の強い毒素が含まれている。外敵に襲われると体液を分泌、皮膚に付くと即座に皮膚炎を発症させる。それで済めばまだいい。カンタリジンは致死量わずか30mgの猛毒なのだ。

スパニッシュフライの体液や磨り潰した粉は古くから薬効があると考えられ、炎症や神経痛、躁鬱病などの治療に用いられてきた。ただし毒性は強いため、用法や用量を誤ると大変なことになる。実際、スパニッシュフライの毒は暗殺にも用いられた裏の歴史があるのだ。

同じく裏の歴史になるが、経口したり直接性器に塗布する催淫剤としても重宝された。現在もスパニッシュフライと呼ばれる媚薬が流通している。

もしも “スパニッシュフライ” が人間サイズになったら……大量殺人兵器と化す!?

Photo By Alamy／アフロ

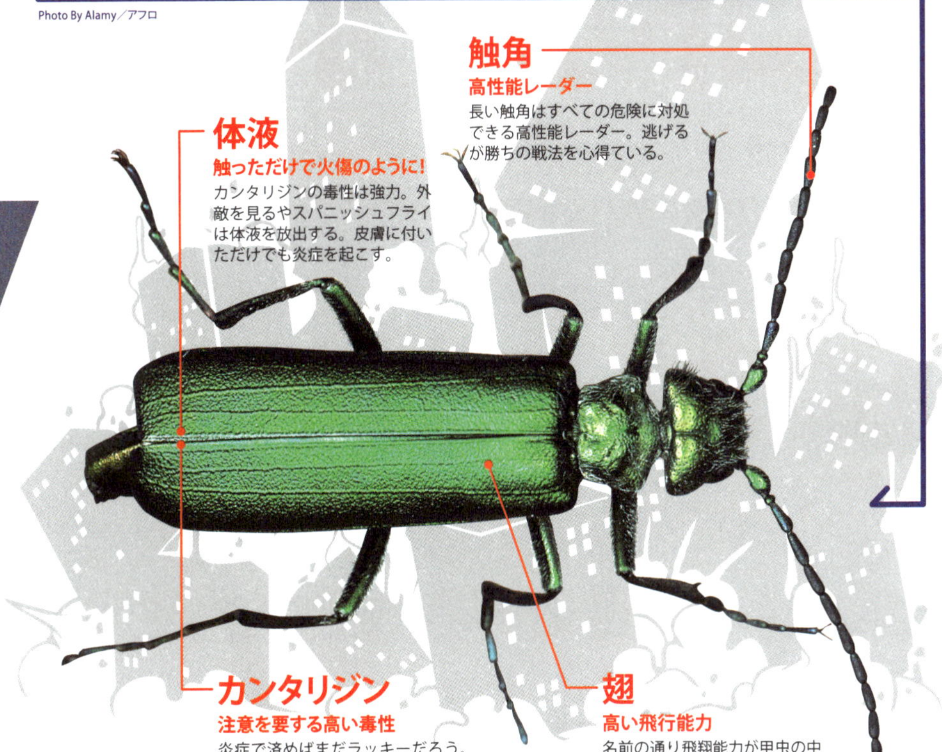
触角
高性能レーダー
長い触角はすべての危険に対処できる高性能レーダー。逃げるが勝ちの戦法を心得ている。
体液
触っただけで火傷のように!
カンタリジンの毒性は強力。外敵を見るやスパニッシュフライは体液を放出する。皮膚に付いただけでも炎症を起こす。
カンタリジン
注意を要する高い毒性
炎症で済めばまだラッキーだろう。致死量わずか30mg。おそらく人間サイズともなれば1匹で大量殺人が可能なカンタリジンを含んでいる。
翅
高い飛行能力
名前の通り飛翔能力が甲虫の中でも高い。鋼のボディでの空から奇襲は脅威に他ならない。

上空から降り注ぐ毒の雨から逃れられるか!?

同じ猛毒カンタリジンを持つツチハンミョウは、空も飛べず地面を這いずり回るばかりの動きの鈍い甲虫だが、スパニッシュフライは同じ科に属するとは思えないシルエットで、その名のとおり自由に空を舞う。仮に威嚇しながら空を飛べば、空中から猛毒の雨が降り注いでくるかもしれない。1滴でも皮膚に触れれば大火傷、もちろん少しでも体内に入れば命取りになる。

ただし幸いなことに外見の似ているハンミョウは肉食だが、スパニッシュフライの主食は木の葉であり、そしてハンミョウほど攻撃的ではない。ということは、我々がエサになることはまずなく、たとえ遭遇しても興奮させなければ――猛毒カンタリジンを分泌させなければ、ひとまずは安全ということになる。致死率100%の危険毒虫であることに何ら変わりはないが。

ギネス認定の猛毒殺人グモ ［ブラジリアン・ワンダリング・スパイダー］

クロドクシボグモ

学名：*Phoneutria fera*
分類：節足動物門/クモ綱/クモ目/シボグモ科
体長：50〜80mm

生育過程：卵-幼体-成虫
生息地：新旧熱帯域中心

特徴：徘徊性の大型のクモ。神経性の毒を持ち、人間が噛まれると25分で死亡するといわれる

猛毒の牙で
獲物を仕留める！
1匹で致死量80人分の
最凶ハンター

Photo By Minden Pictures／アフロ

生態 罠を作らず狩りをするさすらいの毒グモ

シボグモは徘徊性のクモで、巣を作らず肉弾戦で狩りをする。日本産の種は小さく目立たないが、南米の広い範囲に生息するクロドクシボグモは体長5〜8cmと巨大で、しかもギネス級の猛毒を持っている。やはり巣を張らずに物陰に潜み、獲物を見付けると飛びかかって咬み付き、大きなキバで毒を注入するのだ。

毒性は強力で刺された部分には強烈な痛みが生じるが、それだけでは済まない。神経系に作用して体の自由を奪い、呼吸不全を起こして死亡する可能性が高いのだ。マウスであれば0.006mgの微量でも死亡し、成人男性でも0.1mg程度で致死量に達すると考えられる。1匹あたりが持つ毒の量は最大でも8mgとされ、単純計算でも1匹で80人を殺すことができることになる。

ただし余りにも強い毒性のため、現在では血清が作られており、死亡例は減少傾向にある。

もしも 〝クロドクシボグモ〟が人間サイズになったら……1匹で80人を殺害可能!?

Photo By Minden Pictures／アフロ

眼

複数の眼で獲物を捕捉

複数の眼を持つ彼らは獲物を立体的に把握し確実に捉えるだろう。彼らに眼をつけられたら最後だ。

機動力

長い脚でステルス移動

彼らは巣を作らないハンターで、基本は〝待ち〟。ただし間合いに入ってしまえばまず逃げられない。目に見えない巨大な巣があるようなものだ。

毒

ひと咬みで致死量オーバー

鋏角の中にある毒を流す「毒腺」も太いため、注入される毒液の量も致死量を軽く上回るだろう。

鋏角（キバ）

刺されたら即死!?

体の大きさに比例して鋏角（キバ）も大きく人間サイズともなれば小型ナイフに相当する。急所を咬まれればそれだけで致命傷になる。

毒キバの間合いに入ることは死を意味する！

ほとんどのクモは虫を殺す程度の毒を持つといわれる。武器である2本のキバ（鋏角）も、エサである虫に対する凶器であって、通常人間が恐れるほどではないのだが、クロドクシボグモの場合はその限りではない。元々大きな体ではあるがそれに比べてもキバは大きく、1cmを超えて2cm近い巨大なキバを持つ個体も存在する。人間サイズともなれば30cm前後、もはや巨大なサバイバルナイフが2本並んでいるようなもので、毒性については言わずもがな、咬まれただけでも致命傷となるだろう。だが、最も注意しなければならないのはその戦闘能力の高さにある。

巣を作らないクロドクシボグモは夜行性で、長い手足を降りたたんで密かに獲物を待つ。キバに貫かれる前に、物陰に潜む怪物を見つけられるだろうか。

世界最大級！ UMAレベルの怪物グモ

ゴライアス・バードイーター

学名：*Theraphosa blondi*
分類：節足動物門/クモ綱/クモ目/オオツチグモ科
体長：100mm
生育過程：卵-幼虫-成虫
生息地：南米の熱帯雨林帯
特徴：世界最大のクモとして知られ、体長は12cm近くになり、足を広げると30cmにもなる

巨大なキバで
獲物を仕留める
実在する伝説の
"タランチュラ"
Photo By Minden Pictures／アフロ

生態 鳥を喰らう!? これは実在するUMAだ！

旧約聖書に登場する巨人兵士・ゴリアテの名が冠された怪物グモ。オオツチグモ科に属し、伝説の毒グモ・タランチュラを彷彿させる巨大グモである。ちなみに現在はそのイメージが合致したおかげで、オオツチグモ科の巨大グモを総称してタランチュラと呼ばれるようになった。

南米の熱帯雨林に生息、湿地帯を好み、地中の穴に潜んでいる。体長は10㎝以上、脚を広げると30cmを上回り、体重170gを超える巨大な個体もざらにいる。通名のように鳥を主食にしているわけではないが、ネズミやカエルぐらいなら簡単に捕まえて食べてしまう。性格は凶暴かつ好戦的で、外敵を認識すると脚を大きく広げ、「シューッ」と威嚇音を発しながら巨大なキバを剥き出しにして威嚇する。向かうところ敵なしのようだが、世界最大のハチ・オオベッコウバチという天敵がおり、怪物グモをも幼虫のエサにしてしまう。

もしも〝ゴライアス・バードイーター〟が人間サイズになったら……咬まれれば一巻の終わり!

歩肢
巨大な体を支える歩肢
他のクモと比べても非常に太い脚を持つ彼ら。踏まれただけでも内臓破裂は避けられないだろう。
刺激毛
危険を察知して毒矢攻撃!
敵を威嚇しながら腹部の刺激毛を蹴り飛ばしてくる。強い毒があるわけではないが、毛が皮膚に付着すると痒みを生じ、腫れ上がることもある。
攻撃性
声を出し相手を威嚇
性格は凶暴かつ好戦的で「シューッ」と威嚇音を発しながら巨大なキバを剥き出しにして威嚇する。
鋏角(キバ)
咬まれたら即死!?
通常でもキバの大きさは3～5㎝と小型犬並。これ以上大きくなればただでは済まない。毒性は強くないとはいっても、巨大化して毒液の量が増えればその限りではない。

Photo By Minden Pictures／アフロ

狩る者と狩られる者、その不変の役回り

人間サイズになれば、まさに怪物タランチュラ。伝説に語られるような猛毒を持っているわけではないが、そのルックスはまさに悪夢である。伝説以上に恐ろしいのは彼らが獰猛で肉食であるという点。つまり、我々は間違いなく彼らのエサであるという恐ろしい関係性である。

ひとたび獲物を見つければ長い脚を掲げて威嚇、その時、威嚇音は怪獣の咆哮のようにこだまするだろう。刺激毛を飛ばし、行動を封じながら間合いを詰め、頭上に巨大なキバが閃いた時、そこで我々の命は容易く失われてしまうのだ。人間サイズであれば、そのキバの大きさたるや全長50cmに達する。太く反り返った強大なキバが、命そのものを抉るように深々と突き刺さる。怪物を前にして幸運を祈るだけ無駄かもしれない。

防虫対策

もしもの時のために知っておくべき
虫についてのエトセトラ

マメ知識

其の 02

If an insect becomes the human being size……

進化し続ける生物
虫、4億年の歴史

彼らはどこからやってきて
どこに向かおうとしているのか？

地球が「虫の惑星」と呼ばれる理由とは!?

現在、人間は地球上に支配者として君臨し、食物連鎖の頂点に立っているとされる。だが、昆虫は人間より遥か以前に誕生し、独自の生態系を築き上げてきた。

初期の人類であるアウストラロピテクスは400万年前に誕生したとされているが、昆虫の歴史の起源は4億年前だとされている。最も古い化石が、古生代デボン紀（約4億1000万年前～）の地層から出土しているのだ。昆虫は、人間の及びもつかない太古の昔から繁栄を極めていたのである。

また、昆虫は地球上で類のないほど独自の進化を遂げてきた。英語で昆虫を意味するinsectは、ラテン語のinsectum（切り込まれた動物）に由来している。これは、外骨格《がいこっかく》と呼ばれる堅い殻を持ち、体が分節化していて、それぞれに一対の付属肢が存在する節足動物の特徴からきたものだ。

体表を覆う堅い外骨格を持つ節足動物が、動物のなかでも群を抜いた多様性を持つのはこの分節化の恩恵だ。昆虫の体節は、頭部・胸部・腹部と付属肢からなり、さらに肢や翅を持っている。このように分節化することで、それぞれの体節を別々の用途のために専門化することが可能となったのだ。

昆虫のルーツは、赤道付近の高温多湿の場所であるとされる。熱帯降雨林で著しく種分化しているのは、これと関係しているのだろう。現在、わかっているだけでも100万を数え、全生物種の約3分の2を占めるといわれる。ちなみに植物は20万～30万種、哺乳類は約4000種だ。さらに、毎年新種の昆虫が約3000種追加されていて、将来1000万種を超える可能性もある。となると、昆虫は地球上の全生物種の5分の4以上を占めることになる。地球が「虫の惑星」と呼ばれる理由だ。

人類が地球の支配者だというのは、手前勝手な錯覚にすぎないのかもしれない。

◎昆虫は系統的にエビやカニなどの水生甲殻類に最も近い。堅い外角骨がその所以か。

◎ムカデなどの多足類は親戚。クモやダニなどの鋏角類は絶滅した三葉虫に近いとされる。

2章

捕食奇襲

If an insect becomes the human being size

チョウセンカマキリ
オニヤンマ
オオナミザトウムシ
ウデムシ
リオック
グンタイアリ
オオイシアブ
ヒヨケムシ

双刀無双
戦いは一瞬にして終わる…！巨大鎌の二刀流ハンター

恐るべきリーチの長さ 悪魔の両腕が命を刈る!

動く物に瞬間的に飛びかかるという習性は、捕食者としての宿命か、体全体を使ったしなやかな動きで獲物を次々に仕留めていく。その体さばきは人間をはるかに凌駕する。

「腕に覚えあり」の獰猛なハンター

チョウセンカマキリ

学名：*Tenodera angustipennis*
分類：節足動物門/昆虫綱/カマキリ目/カマキリ科
体長：65～80mm（オス）、70～90mm（メス）

生育過程：卵-幼虫-成虫
生息地：日本や朝鮮半島、中国

特徴：獰猛な性格で幼虫のときから共食いを行なうが、オスは絶対にメスを捕食しない

長い手足が可能にする脅威の間合い
死神の鎌で確実に自由を奪う
Photo By 三木光／アフロ

生態 両腕に仕込んだ２刀の鎌で獲物を狩る

カマキリ目に属する肉食昆虫。世界中で2,000～4,000種が生息し、チョウセンカマキリは日本国内の代表的な種である。武器は前脚に備わる2本の鎌で、人間の腕で言えば前腕に当たる部分に鋭い鉤爪のような鎌が生えている。この鎌を用いて狩りをするのだが、よく見ると鎌の先に前脚（付節）は別にあり、鎌は脛節の先端部分であることがわかる。注意すべきはその脛節と腿節の内側にサメの歯状に並んだ突起。突起はそれぞれ〝返し〟のような微細な溝があり、刺さりやすく抜けにくい構造になっている。鎌を伸ばして引っ掛けた獲物を前脚に挟み込み、完全に動きを封じてから、ゆっくりと喰らっていくのである。

性格は好戦的で、人間に対しても羽を大きく開き鎌を掲げて威嚇、近くに動くものがあれば反射的に飛びかかるなど獰猛そのもの。体腔内に寄生するハリガネムシ（P152参照）の存在が知られる。

もしも〝チョウセンカマキリ〟が人間サイズになったら……一流格闘家も敵わない！

Photo By Takuro Tsukiji　※注：写真はオオカマキリ

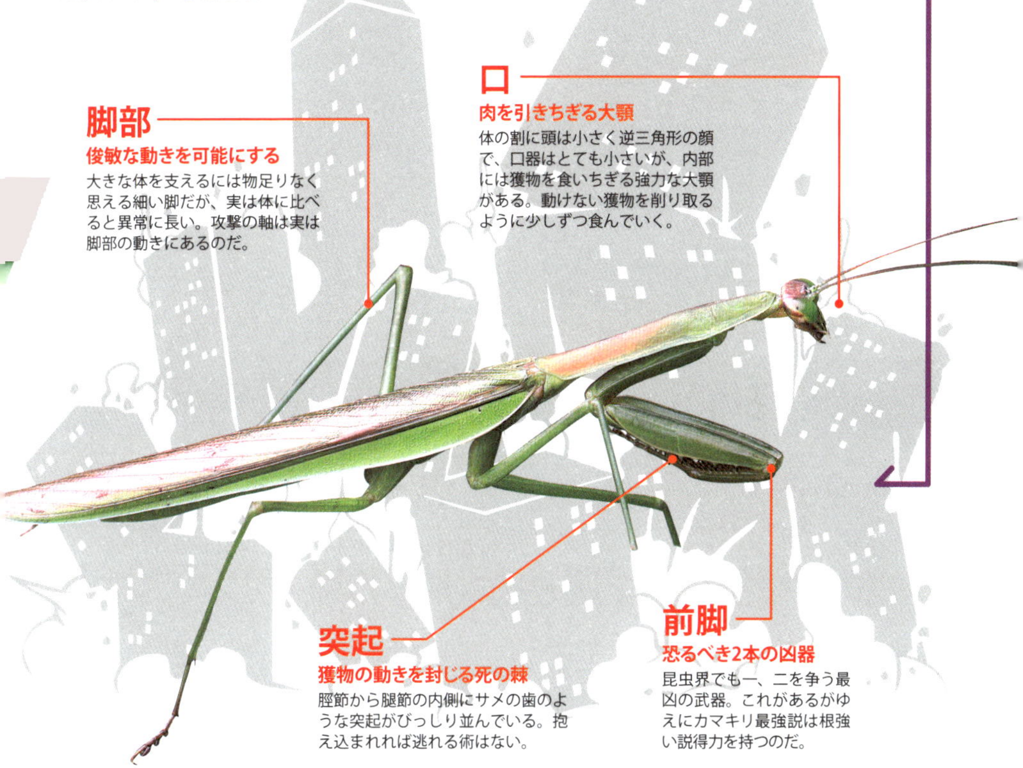
脚部
俊敏な動きを可能にする
大きな体を支えるには物足りなく思える細い脚だが、実は体に比べると異常に長い。攻撃の軸は実は脚部の動きにあるのだ。
口
肉を引きちぎる大顎
体の割に頭は小さく逆三角形の顔で、口器はとても小さいが、内部には獲物を食いちぎる強力な大顎がある。動けない獲物を削り取るように少しずつ食んでいく。
突起
獲物の動きを封じる死の棘
脛節から腿節の内側にサメの歯のような突起がびっしり並んでいる。抱え込まれれば逃れる術はない。
前脚
恐るべき2本の凶器
昆虫界でも一、二を争う最凶の武器。これがあるがゆえにカマキリ最強説は根強い説得力を持つのだ。

カマキリは誇り高き戦士か、優秀な暗殺者か？

武器は2本の鎌だけ。カマキリには古来から「蟷螂《とうろう》之《の》斧《おの》」という四字熟語があるように、中国の武人たちにも一目置かれた昆虫界の戦士であった。そんな異世界の戦士が人間サイズになれば脅威以外の何物でもない。当然、最も警戒すべきは2本の鎌ではあるのだが、そのリーチたるやおそらく人間の間合いを軽く上回る。ボクサーのように小さくコンパクトに構え、左右に揺れながら距離を測り、一瞬で大きく伸び上がって獲物を捕える。この攻撃を避けられるかどうかが運命の分かれ目になるだろう。１対１で闘えればまだ運がいい。カマキリが戦士でなく暗殺者であった場合、その暗殺記録は永遠に続く可能性が高い。秘かに背後に忍び寄るステルス性、特に暗闇でも獲物が視認できる高性能の複眼は恐ろしいほどの威力を発揮するはずだ。

フライング・ジョーズ

オニヤンマ

強靭な上アゴでターゲットを破壊！
空中から襲い来る音速鬼

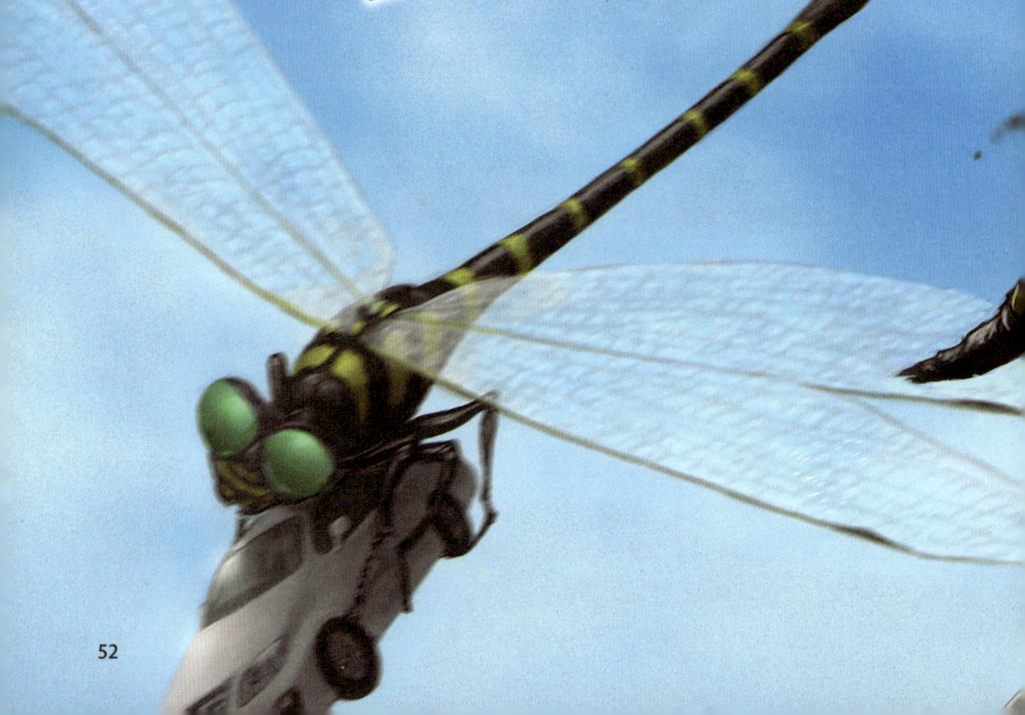

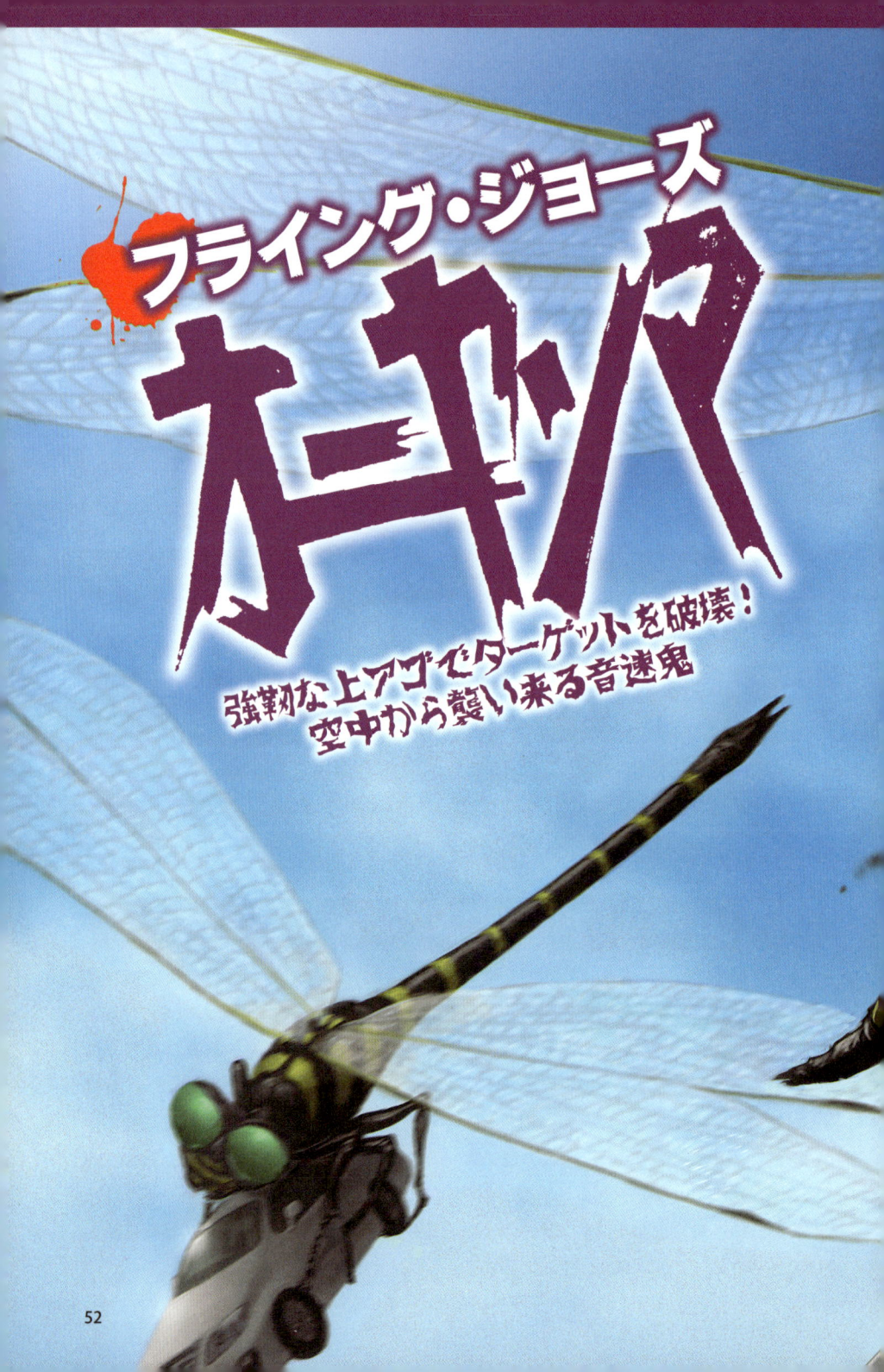

驚異の飛行能力を持つ 空中戦最強の肉食ファイター

昆虫界における空の覇者。シンプルな構造ながら驚異的な筋組織を持ち、4枚の羽で縦横無尽に飛び回る。そして獲物を狩るや巨大な顎で咬み砕いてしまうのだ。

強力な上顎を持つ巨大トンボ

オニヤンマ

学名：*Anotogaster sieboldii*
分類：節足動物門/昆虫綱 /トンボ目/オニヤンマ科
体長：90～110mm

生育過程：卵-幼虫-成虫
生息地：北海道から八重山諸島まで、日本列島広域

特徴：肉食性でハエやガはもちろん、オオスズメバチも強力な大顎で捕食する

動体視力に優れた巨大な複眼で
動き回る獲物をロックオン

Photo By 香田ひろし／アフロ

生態 空中の捕食者！ 幼虫ヤゴも獰猛なハンター!!

〝ヤンマ〟とは大型のトンボを意味し、その中でも最も大きいのがオニヤンマである。黄色と黒の縞模様が鬼の腰巻を思わせるため「鬼」の名が冠せられたといわれる。稲作においては身近な昆虫であり、古来から益虫として好ましいイメージが形成されているが、それでも「鬼」とは物騒ではないだろうか。トンボは学名を〝Odonata〟、語源となっているのは〝odon〟、これはラテン語で〝歯〟を意味する。トンボの特長として、唯一の武器である〝歯〟、すなわち大顎は優雅に空を飛ぶトンボのイメージにそぐわない凶暴さを持っている。獲物を捕え、巨大な大顎で頭から齧《かじ》りつく様子は、古代の人々にも強い印象を与えたのだろう。巨大な空の捕食者は、確かに「鬼」を思わせる凶暴な歯を持っているのだ。

トンボの幼虫・ヤゴも同じく肉食だが大顎の構造は異なり、まるで飛び道具のように体外に伸ばして獲物を捕える。

もしも〝オニヤンマ〟が人間サイズになったら……上空から瞬食される!?

Photo By Takuro Tsukiji

大顎
咬み付いたら離れない
獲物がいくら暴れても逃がさない。強力なパワーでバリバリと破壊して飲み込んでいく。骨も残らないだろう。

複眼
270度見渡す巨大な目
一際大きな頭部にある巨大な目の空間認識能力は恐怖。動体視力に優れ、獲物の微細な動きを見逃さない。

脚部
動きを封じる6本の檻
獲物を捕獲する際には6本の脚をかごのように用いてわしづかみにする。

翅
高い飛行能力で逃がさない
強靭な筋力を持つ巨大な翅。空中で静止ができ、複雑な飛行も可能。空中で獲物を捕えることもある。

空中から襲いかかる大顎！ヤゴにも要注意

よく動く小さな頭部と巨大な眼によってほぼ360度全方向の視界を確保。視力は悪いといわれるが、異常に発達した動体視力で獲物を逃さない。運悪く視界に入ってしまい、エサとして認識されてしまえば脅威の運動能力によって一瞬にして捕食されてしまうだろう。脚の〝かご〟に捕えられ大顎が容赦なく咬み砕くのだ。気付いたころにはもう手遅れかもしれない。咬み付かれたら最後、いくら暴れても逃れる術はない。

仮に運良く上空からの攻撃を逃れられた場合は近くの遮蔽物を利用して身を隠すのがいいだろう。隠れる場所が見当たらなければ時間の問題だ、残念ながら。

幼虫のヤゴも要注意だ。ヤゴはトンボとは外見も生態も全く異なる肉食性の水生昆虫。水辺に潜み、伸び縮みする大顎で一撃必殺。即死であればまだ幸運なレベルだ。

地球外生命体レベル

オオザトウムシ

小さな体に細長い脚を持つ
謎に包まれた闇の住人

森の闖入者を排除する想定外の〝掃除屋〟生物

異常に細長い脚、不釣合いな丸っこい体。数多の生物の中でも異様な外見を持つ謎の多い昆虫だが、少なくとも意思の疎通はできそうにない。我々はエサに見えるだろうか？

地球外生命体を思わせる特異な存在感

オオナミザトウムシ

学名：*Nelima genufusca*
分類：節足動物門/クモ綱/ザトウムシ目/マザトウムシ科
体長：6〜12mm

生育過程：卵-幼虫-成虫
生息地：北海道、本州（近畿地方以東）、九州（北部）

特徴：名前からもわかるように、盲目に近く明暗しか認識できない。日本では海岸の岩陰に住むものもいる

異常に細長い脚で密やかに
森を闊歩する不思議生物

生態 森の奥、日陰に生息する雑食生物の正体とは？

一見すると脚の長いクモのような外見だが、クモにしては脚は細いうえに異常に長く、体も頭部から胸・腹部をひとつに圧縮したような丸っこい形をしている。他に類を見ない不思議な存在感はまるでSF小説『宇宙戦争』に登場する3本脚の戦闘機械「トライポッド」を彷彿させる佇まい。同小説で宇宙人は人間をエサにし、捕獲した人間の血液を採集していくのだが、我々人間にしてみれば、それくらいの相容れなさを感じさせる想定外のルックスといえよう。

名前は「座頭」、長い脚をまるで杖のようにしておそるおそる歩く姿が盲人が杖をついて歩くように見えたことから、そう呼ばれるようになったといわれる。だが実際には頭胸部の真ん中に上に突き出した2つの眼があり、厳密に言うとそのネーミングは正しくない。節足動物の中ではクモよりもサソリに近いとされるが、その謎に包まれた生態を含め、一種独特の存在感がある。

もしも〝オオナミザトウムシ〟が人間サイズになったら……頭上からの攻撃に要注意

脚部
標的を封じ込める
余りに細く、そして長い脚を用いて標的に気付かれず、いつの間にか包囲されてしまうかもしれない。
再生力
脚がもげても脱皮のたびに再生
脚は簡単にとれてしまうが、脱皮するたび元通り。そのため危険を顧みず突進してくるかもしれない。
トゲ
クモとは異なる外骨格
ザトウムシとクモが大きく異なるのが硬度のある外骨格。中にはトゲで武装している種もいる。
鋏角（キバ）
捕食器には要注意
サソリやクモなどに共通の器官で、これにより獲物を細かく砕き、またはドロドロにして吸収していく。

Photo By Takuro Tsukiji

長い脚で獲物を追い詰め、死のキバが一撃…！

決して強靭な体を持つわけではないし、優秀なハンターというわけでもないが、少なくとも我々は彼らにとって異分子である。基本的には肉食で、小さな虫や死骸などを食べ、キノコや菓子類も好んで食べる雑食性。我々は当然捕食される側にある。

実際にはすぐに脚がもげるほどの非力な生物なのだが意外に器用に歩行し移動速度は思った以上に素早い。人間サイズであれば逃げきるのはかなり難しいだろう。また、口器の側にはサソリやクモなどとも共通するハサミ状の鋏角があり、捕食する際には鋏角を伸ばして獲物を切り刻んで喰らっていく。森の中でもミミズや毛虫などの大きな獲物を捕食しているザトウムシが見られることがあるが、どのように狩りをしたのかはわからない。いつの間にか長い脚に取り囲まれ、頭上から齧《かじ》りつかれるのだ。

凶腕を持つウィップ・スパイダー

ウデムシ

［テイルレス・ウィップ・スコーピオン］

学名：*Damon variegatus*
分類：節足動物門/クモ綱/ウデムシ目/ウデムシ科
体長：40mm
生育過程：卵-幼虫-成虫
生息地：世界の熱帯地方広域
特徴：夜行性で、昼間は物陰に隠れている。昆虫などを捕らえて食べる肉食性である

最大の武器は〝マジックハンド〟
獲物を仕留める悪魔の腕

Photo By Alamy／アフロ

生態 〝悪魔の手〟それは暗闇に仕掛けた巨大な罠！

海外で「ウィップ（鞭）スパイダー」、または「テイルレス・ウィップ・スコーピオン」などの呼び名があるように、クモ・サソリの仲間に属するが、偏平な体に折りたたまれた逞しい「腕」を持つグロテスクな外見はそのどちらにも似ていない。名前のとおり、頭部にあるタガメのような巨大な腕で獲物を捕えるマッチョなハンター、それがウデムシなのだ。

巨大な腕は触肢と呼ばれる部位で、一見してわかるとおり、人間の腕のように上腕と前腕に分かれている。前腕の先端は鎌のように湾曲しながら鋭く尖り、まるで爪のごとく幾つもの棘が生えている。この両腕を用いて標的を捕えるのだ。この触肢とはまた別に、先述したウィップと呼ばれているのは、3対の脚とは別に伸びる一際長細い触手。これも脚が進化した触肢で、まるで触角のようにセンサーの役目を果たす。身体構造を含め、この存在は唯一無二だ。

もしも 〝ウデムシ〟が人間サイズになったら……気づかぬうちに捕獲される!?

Photo By Alamy／アフロ

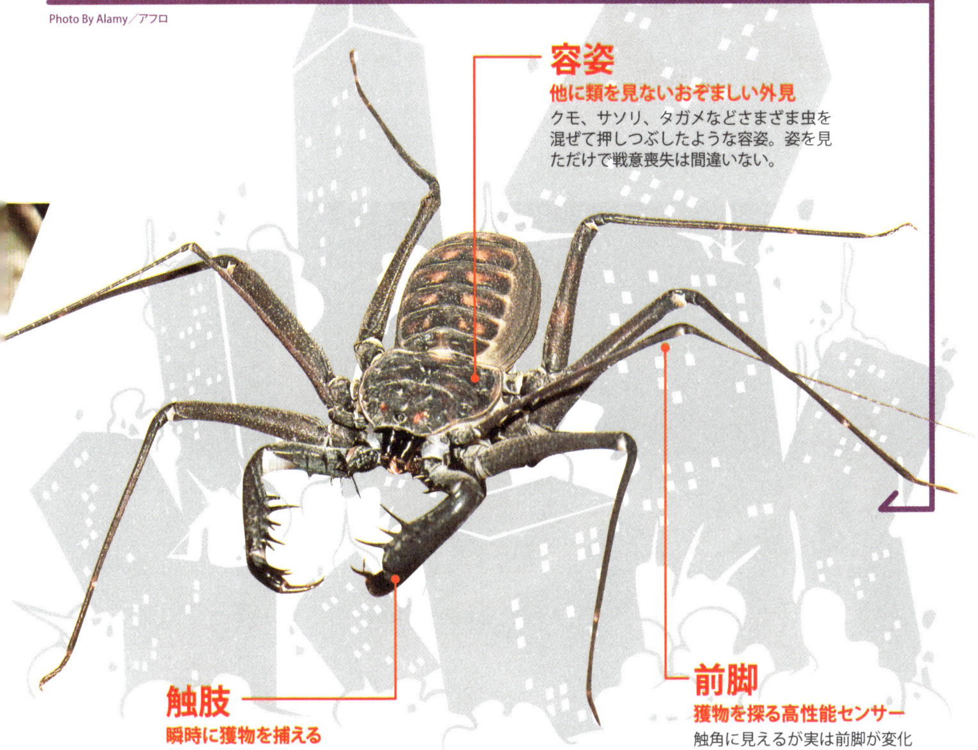

容姿
他に類を見ないおぞましい外見

クモ、サソリ、タガメなどさまざま虫を混ぜて押しつぶしたような容姿。姿を見ただけで戦意喪失は間違いない。

触肢
瞬時に獲物を捕える

射程距離を測りながらゆっくりと接近し、まるでマジックハンドのように伸縮して標的を捕獲。爪のような棘が動きを封じる。

前脚
獲物を探る高性能センサー

触角に見えるが実は前脚が変化したもので、まるで鞭のようなしなやかな動きで潜んでいる獲物を探り出す。

驚異のセンサー能力と「悪魔の腕」の一撃

獰猛そうに見えて、その体はとても薄く、長い脚を器用に折りたたんで樹皮の隙間や落葉の陰に潜んでいる。ウデムシは、その凶悪なルックスに似つかわしい〝闇の住人〟なのである。

2本の触肢を含めると5対の脚を持っているが、狩りは基本的に「待ち」のスタイルで、とても敏捷に獲物を追うタイプではない。しかしセンサーとして用いる触肢は体長の4倍以上の長さを持ち、どんな隙間からでも容易に伸びてくる。つまり、獲物を感知する空間は想像以上に広いのだ。

通常は折りたたまれている「腕」は、狩りになると大きく広がり、時折微調整しながら獲物をひたすら待つ。そして彼は〝その瞬間〟を逃さない。我々は悪魔の腕に抱かれてようやく、すべてを悟ることになるのだ。

インドネシアの化け物コオロギ

リオック

学名：*Sia ferox*
分類：節足動物門/昆虫綱/バッタ目/コロギス上科
体長：60〜80mm
生育過程：卵-幼虫-成虫
生息地：現在インドネシアのみ
特徴：凶暴で好戦的。だが近年までその生態はおろか存在すらほとんど知られていなかった

凶暴さと禍々しさは群を抜く
別名"インドネシアの悪霊"

Photo By 鈴木知之／ネイチャー・プロダクション

生態 凶暴にして貪欲、最強にして禍々しきハンター

「リオック」は現地における呼び名を日本語読みにしたもの。インドネシアに生息する巨大なバッタ属で、外見はコオロギによく似ているが体は一回り以上大きく、平均すると体長は6〜8cm、稀に10cmを超える巨大な個体も存在する。大きさもさることながら、リオックはコオロギとは似て非なる種である。というのも、よく見ると体は太く大きく、脚もバッタ属にしては太く逞しい。グロテスクさはカマドウマにも通じるが、体は細部に至るまで頑強、それでいて動きは驚くほど素早い。

食性は肉食で貪欲。相手が大きかろうが小さかろうが飛びかかって瞬時に組み伏せ、巨大な顎で咬み付くのだ。顎の力は強烈で、甲虫の外殻を音を立てて咬み砕く。食事に没頭することはなく、捕食しながら他の獲物に襲いかかり、食欲が満たされるまで狩り続ける。戦闘能力は並み居る昆虫の中でも群を抜いて高いと考えられる。

もしも〝リオック〟が人間サイズになったら……地上の王となる!?

Photo By 鈴木知之／ネイチャー・プロダクション

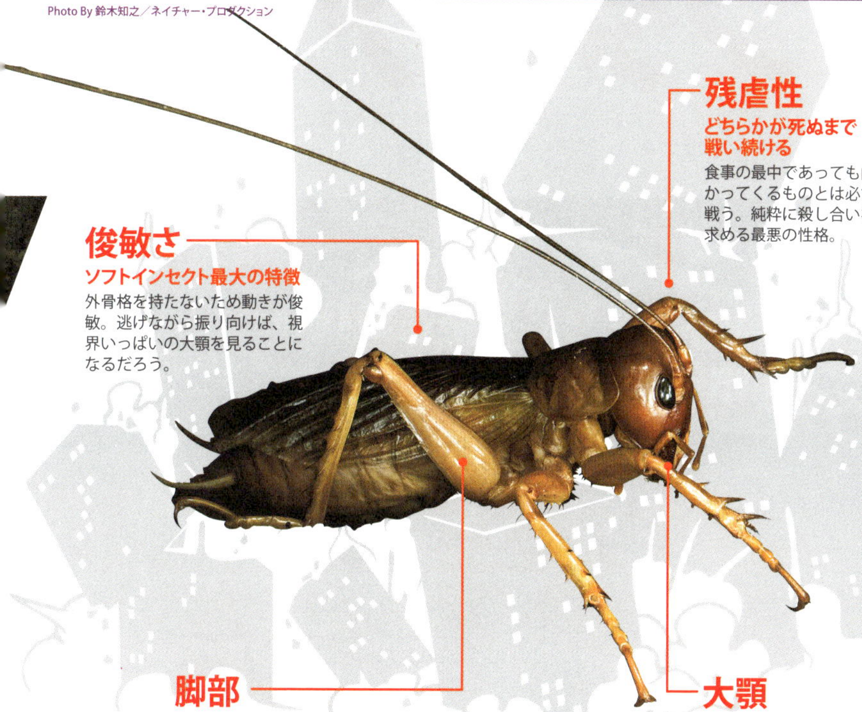

残虐性
どちらかが死ぬまで戦い続ける

食事の最中であっても向かってくるものとは必ず戦う。純粋に殺し合いを求める最悪の性格。

俊敏さ
ソフトインセクト最大の特徴

外骨格を持たないため動きが俊敏。逃げながら振り向けば、視界いっぱいの大顎を見ることになるだろう。

脚部
押さえつけて動きを封じる

マッチョな体つきからもわかるとおり近接格闘はお手のもの。防御する時間すら与えず瞬時にマウントを取る。

大顎
見境なく咬み砕く

口の両側にある大顎。通常、バッタの場合は固い草を咬み砕くのに適している部分なのだが……。

種を超えた上位捕食者、その存在は肉食獣級！

リオックの生態は不明なところが多いが、間違いなく食物連鎖の中では上位の捕食者である。通常、バッタなら捕食される側であるはずのカマキリやクモをもエサにしてしまう。狩りは非常にシンプルで、腕力に任せて押さえつけ喰らいつく。その様子はまるで獰猛な肉食獣のようである。つまり簡単な話、大顎に咬み付かれたら狩りはそこで終わりなのだ。

好戦的であるがゆえ、向かってくる敵に全力で立ち向かう。相手がどのような種であろうと全く関係ない。

もしもリオックに出会ってしまったら、己の不運を呪うしかない。おそらく戦闘能力の高さは肉食獣をも凌ぎ、逃げおおせる確率はかなり低い。戦って喰われるか、逃げようとして喰われるかの違いでしかないのだ。彼が満腹であることを祈ろう。

ジャングルをさすらう最強軍団

グンタイアリ

英名：Army ant
分類：節節足動物門/昆虫綱/ハチ目/アリ科
体長：15〜20mm

生育過程：卵-幼虫-蛹-成虫（完全変態）
生息地：南米熱帯雨林地域

特徴：巣を作らず軍隊のように隊列を組んで前進し、獲物には集団で襲いかかる

巣を持たずひたすら狩猟の旅へ
すべてを喰らい尽くす貪欲な群れ
Photo By Alamy／アフロ

生態 一糸乱れぬ隊列で生物を飲み込んでいく

　鎧のように硬い体と巨大なキバを持ち、ジャングルを放浪するグンタイアリ。彼らは決まった巣を持たず、集団で移動しながら狩りをする。その群れは数十万から数百万匹に及び、後には骨しか残らないとまでいわれる。南米やアジア、アフリカなどの熱帯雨林に広く分布し特に中南米に生息するバーチェルグンタイアリが有名だ。

　そもそもグンタイアリと呼ばれるのは、鉄の規律の存在を思わせる生態を持つためだ。アリは本来、そうした役割分担を行なう社会的な昆虫として知られるが、グンタイアリは徹底している。階級はメス（女王）、オス、働きアリに分かれ、巨大なキバを持つ一回り大きな兵隊アリが戦闘集団を形成する。働きアリは護衛・運搬・戦闘補助を担当し、時には自ら足場となって行軍を助けることすらある。よく訓練された軍隊なみの効率の良さ。その隊列は数十メートルに及び、あらゆる動植物を飲み込んでいく。

もしも 〝グンタイアリ〟が人間サイズになったら……骨まで喰われてしまう!?

Photo By Alamy／アフロ

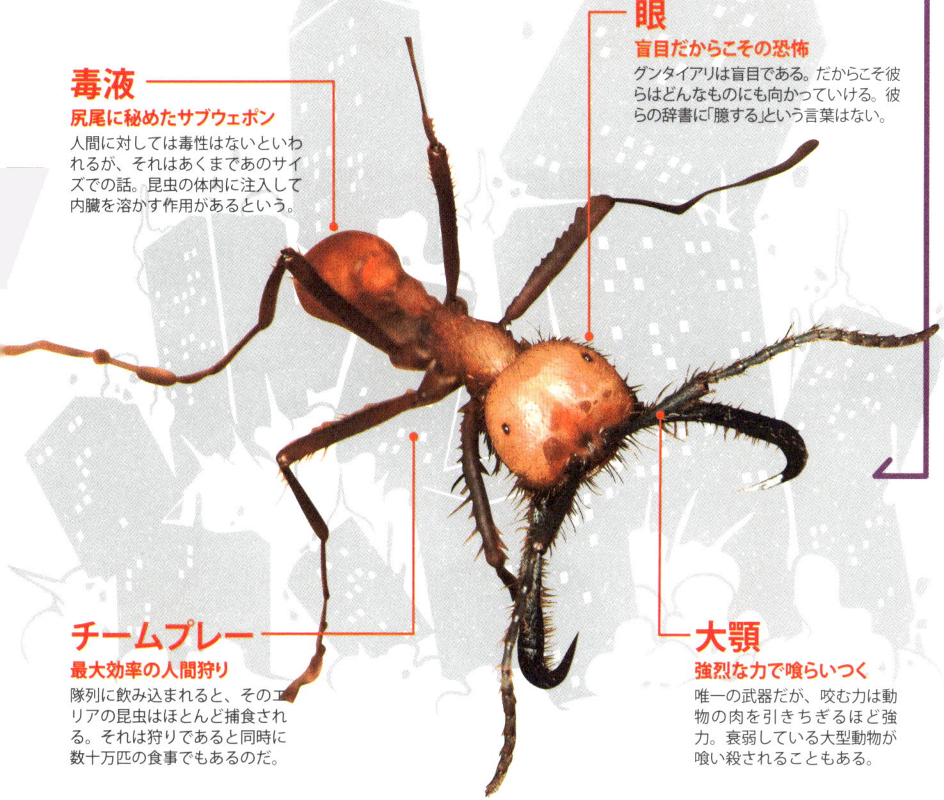

毒液
尻尾に秘めたサブウェポン
人間に対しては毒性はないといわれるが、それはあくまであのサイズでの話。昆虫の体内に注入して内臓を溶かす作用があるという。

眼
盲目だからこその恐怖
グンタイアリは盲目である。だからこそ彼らはどんなものにも向かっていける。彼らの辞書に「臆する」という言葉はない。

チームプレー
最大効率の人間狩り
隊列に飲み込まれると、そのエリアの昆虫はほとんど捕食される。それは狩りであると同時に数十万匹の食事でもあるのだ。

大顎
強烈な力で喰らいつく
唯一の武器だが、咬む力は動物の肉を引きちぎるほど強力。衰弱している大型動物が喰い殺されることもある。

大群は無慈悲な殺戮部隊と化す！

グンタイアリの絨毯状襲撃を受けたエリアからは、手当たり次第に獲物が解体されて運ばれていく。死んでいようが生きていようが関係なく、働きアリは前線で仕留められた獲物をベルトコンベアーのように仮設コロニーへと運ぶのだ。それはまるで巨大生物の食物摂取のようであり、血流のようでもある。群れは意思を持った巨大生物のように、何もかもを飲み込んでいく。

グンタイアリはほとんど目が見えないため、どんなサイズの生物であろうと攻撃する。〝黒い絨毯〟に侵食されればひとたまりもなく、エサにされずとも逃げ遅れた生物は咬み殺される運命にある。問題は道の修復や自ら架橋して行軍を助ける働きアリの存在。ここでも彼らのチームワークがものをいうわけだが、つまるところ、逃げ道らしい逃げ道はどこにもないのである。

近接戦闘に強い優秀なグラップラー

オオイシアブ

学名：*Laphria mitsukurii*
分類：節足動物門/昆虫綱/ハエ目/ムシヒキアブ科
体長：15〜26mm

生育過程：卵-幼虫-蛹-成虫
生息地：日本では本州

特徴：人を刺すことはなく、農作物を害虫から守る益虫として知られる

猛スピードで狩りをする
昆虫界の腕利き〝殺し屋〟
Photo By Takuro Tsukiji

生態 命を吸い取る〝死のストロー〟

アブは分類上はハエ目（双翅目＝2枚の羽を持つ）に属するが、ハエの名が付いたアブもいれば、アブと呼ばれるハエもおり、ハエ・アブ・ハチの和名は実はあまり厳密ではない。オオイシアブはムシヒキアブ科に属するイシアブ亜科の一種で、虫を捕獲して口吻を突き刺し体液を吸う。アブの仲間には、動物の血を吸ったり花の蜜を吸ったりする種もいるが、この口吻を用いて食事をするというのがアブの大きな特徴なのだ。

虫をエサにするムシヒキアブはガッチリした体付きで、中でもオオイシアブは筋肉質のマッチョな体付きをしている。飛翔能力に優れているハエを空中で捕まえ、体の大きなトンボを組み伏せ、硬い殻を持つ甲虫ですら口吻で一刺し。この格闘能力の高さはアブの仲間でも唯一無二。体付きからも類推されるように、オオイシアブは力・技・スピードと三拍子を兼ね備えた優秀なグラップラーなのである。

もしも〝オオイシアブ〟が人間サイズになったら……全体液を吸い尽くされる？

Photo By Takuro Tsukiji

翅

一瞬で獲物に迫る

獲物めがけてロケットスタート。一気にトップスピードに乗せるパワーを持つ。

鉤爪

鉤爪で獲物を離さない

大きな鉤爪を持っている。押さえつけられた獲物は身動きできない。

脚

太い脚

アブの中でも並外れて太い脚を持つ。その足は獲物を押さえるとき、飛び上がるときのキックなどさまざまシーンで活躍する。

口吻

柔らかい場所を一撃

硬い殻を持つ甲虫でも、羽の隙間や関節を狙って突き刺して体液を吸う。消化液を注入し、内部の組織をドロドロに溶かして吸い上げるのだ。

気付いた時はもう遅い…羽音は死神とともに

複眼で獲物を捕捉すると瞬時に飛び立ち、後方の死角から高速で迫り、捕まえると同時に口吻を突き刺して消化液を注入。獲物の息の根を止め、ドロドロになった体液をゆっくりと吸い取る。これがオオイシアブの狩りである。一連の行動は正確無比、一旦ターゲットになってしまえば逃れられないと思えるほどに無駄がない。

大柄なアブではあるが、一回り大きなスズメバチすら捕食してしまうほどの腕前を持つ。当然飛行能力は高いが、オオイシアブを優秀な殺し屋たらしめているのは、がっしりとした鉤爪を備えた脚部である。獲物を掴み急所を寸分違わず口吻が貫くのだ。

そのためほとんどの場合、オオイシアブの狩りは一瞬で終わる。羽音が聞こえたらもう終わり、後には干からびた人間のミイラが残されるだけだ。

恐るべき巨大キバの怪奇生物

ヒヨケムシ

学名：Solifugae
分類：節足動物門/クモ綱/ヒヨケムシ目
体長：150mm

生育過程：卵-幼虫-成虫
生息地：世界の熱帯から亜熱帯

特徴：世界一顎の割合が大きな生物で、脚のように長い触肢を持つ

不気味な伝説も説得力十分
巨大なキバを持つ闇の住人
Photo By Minden Pictures／アフロ

生態 顔よりも大きなキバで獲物を切り刻む！

ラテン語で〝Solifugae〟「太陽（Sol）から逃れる（fugae）もの」を意味する名前の通りの夜行性。クモやサソリの仲間で、大きなものでは脚部を除いて体長15cmに及ぶ個体も存在するが、ヒヨケムシの最も大きな特徴はアンバランスなほど巨大なキバ（鋏角）にある。なんといっても頭部の倍以上という大きさがあり、先端にはそれぞれハサミ状に上下に動く鋭い爪がある。その大きさは見かけ倒しではなく、激しく獲物に喰らい付き、強烈な力で切り刻んでゆくのだ。全体的に筋肉質で、脚も太くて長いが動きは恐ろしく敏捷。5対あるように見える脚のうち前脚は触肢である。

不気味なルックスと攻撃的な習性からか、「砂漠で寝ると顔を喰われる」「皮膚の内側に卵を産み付けられる」「時速50kmで移動する」など、さまざまな伝説がある。さすがに多くは作り話だが、移動速度は時速16km程度と十分速い。

もしも〝ヒヨケムシ〟が人間サイズになったら……ミンチにされる!?

Photo By Science Photo Library／アフロ

触肢
狩りを補助する5番目の脚

長い毛によりセンサーの感度を高める。先端には吸盤があり、獲物の捕獲をサポートする。

気管
持久戦ならお手のもの

クモ綱には他に例がないほどよく発達した気管をもっている。どんなに逃げても彼らの方が先にあきらめることはない。

脚部
敏捷な動きで瞬時に狩る!

太い脚を侮るなかれ、風のように素早い身のこなしから〝ウィンド・スパイダー〟とも呼ばれる。

鋏角（キバ）
肉を細かく切り刻む

小鳥やヘビの骨くらいなら難なく切断し、あっという間にミンチにしてしまう。毒がないのが唯一の救い。

驚異の身体能力が伝説ではないとしたら……!?

忌み嫌われる虫には、どこかに生理的恐怖感があるものだ。闇の住人にして凶暴な捕食者であるヒヨケムシは、その禍々しいルックスもさることながら、獰猛さも恐怖を増幅させる要因なのだろう。大きいものでは小型哺乳類を捕食する例もあり「人間や家畜を襲う」という都市伝説が昔からまことしやかに語られてきたのも無理はない。

これが実際に人間サイズであれば言わずもがな、完全無欠の捕食者である。50㎝はあろうかという巨大キバ、その先端には刃渡り20cmの鋭い肉切りハサミが2丁…、もはや毒があろうがなかろうが関係ないレベル。時速50kmで走り、ジャンプ力は数メートル、人間も家畜もペロリと平らげる…などなど、さまざまな都市伝説がすべて現実化してしまうのだから、どう考えても最上級の悪夢である。

防虫対策
もしもの時のために知っておくべき
虫についてのエトセトラ
マメ知識
其の 03

If an insect becomes the human being size……

もっとも繁栄した生物の双極 虫と人類の戦いの歴史

地球上最大の宿命対決 〝イタチごっこ〟に果てはあるか？

人類と昆虫の戦い――その歴史は紀元前!?

旧約聖書の『出エジプト記』には、〝いなごの災い〟と題された章がある。傲慢なエジプト人に怒った神がいなご（トビバッタ）の大群を襲来させ、農作物を食い尽させてしまうのだ。

このようなトビバッタの大量発生は、現代では神の怒りではなく、農耕や畜産による自然環境の急激な変化により生じた現象だとされる。農業は基本的に自然破壊であり、生態系の単純化をもたらす。その結果、トビバッタ類の個体群を不安定な状況にし、大発生につながっているのだ。有史以来、人類は永らくこの問題に頭を悩ませてきた。

人類が昆虫の優位に立ったのは、第二次大戦以降である。戦時中に兵器として開発された毒ガスが、平和利用の名目で害虫駆除に使用され始めたのだ。廉価で大量生産された有機塩素系殺虫剤が、農業を変革したのである。そして、農薬万能主義が隆盛し、農薬の時代が到来した。

だが、1960年代には農薬万能主義は破綻をきたし始める。慢性的な毒性によって、健康を害する農民が増大したのだ。また、鳥類や淡水魚類などの生態系も明らかに破壊されてしまった。この頃には、環境への悪影響に警鐘を鳴らす声がアメリカなどで叫ばれ始める。

そして、農薬の使用からわずか20年足らずで、殺虫剤散布による害虫駆除の限界が露呈する。殺虫剤を散布することで、逆に害虫が増えてしまう「誘導多発性」の問題や、昆虫に耐性ができて殺虫剤が効かなくなる「殺虫剤抵抗性」の問題が一気に浮上してきたのだ。人間が勝手に害虫だと規定して駆除しようとしても、昆虫たちはしぶとく環境に適応し、生き延びてしまうのである。

このように、農耕を始めたときから、人類と昆虫とは終わらない〝イタチごっこ〟を続けているのだ。

◎旧約聖書に描かれたいなご（トビバッタ）の大発生は、土地の耕地化と関連している。

◎殺虫剤は使うたびに濃度を上げないと効力を失う。昆虫の環境適応性の結果だろう。

爆弾

3章

If an insect becomes the human being size

遠隔攻撃

ミイデラゴミムシ
バクダンオオアリ
ユカタヤマシログモ
クサギカメムシ
クロオオアリ
テキサス・ジャイアント・ビネガロン
ジャイアント・デスストーカー
グラントチリクワガタ

ミイデラゴミムシ

灼熱のテロリスト

体内で化学変化を起こし高温ガスを発する技巧派

近寄る者すべてに向けられる無差別ガス攻撃!

外敵から攻撃を受けると派手な音と共に、強烈な刺激臭のあるガスを噴射。ガスの温度は100℃を超える。臭いと熱さの二重攻撃に相手は成す術なく撤退せざるを得ない。

化学兵器を自在に操る武装工作員

ミイデラゴミムシ

学名：*Pheropsophus jessoensis*
分類：節足動物門/昆虫綱/コウチュウ目/ホソクビゴミムシ科
体長：15.5mm

生育過程：卵-幼虫-蛹-成虫（完全変態）
生息地：日本列島内の全域に生息し、中国と朝鮮半島にも生息する

特徴：様々な方向に噴射できる、100℃以上の気体を爆発的に噴射する

触覚と嗅覚を
同時に破壊する
恐るべき高熱異臭
ガスの使い手
Photo By 栗林慧／ネイチャー・プロダクション

生態 外敵を寄せ付けぬ強烈で正確無比なガス噴射

　他のゴミムシ類と同じく、外敵から攻撃を受けると下腹部からガスを噴射して身を守ることから「ヘッピリムシ」と呼ばれることもあるが、その実態は名前ほど愛嬌のあるものではない。ミイデラゴミムシが放つガスは、同種のものと比較して刺激臭が格段に強い上に、その温度は100℃を超えるというから恐ろしい。

　このガスは、過酸化水素水とヒドロキノンの反応によって生成されるもので、主な成分は水蒸気とベンゾキノンとなる。キノン類にはタンパク質と反応して結合するという性質があり、これによって粘膜や皮膚の組織をも浸食することが可能。もちろん尾先の向きを変えることで噴射する方向を自在に操ることもできるので、この攻撃から逃れることは難しい。高熱と激臭に加え、細胞組織にまでダメージを与えるミイデラゴミムシのガス噴射は、まさに化学兵器そのものといえるだろう。

もしも〝ミイデラゴミムシ〟が人間サイズになったら……最強の化学兵器となる!

Photo By MANABU／ネイチャー・プロダクション

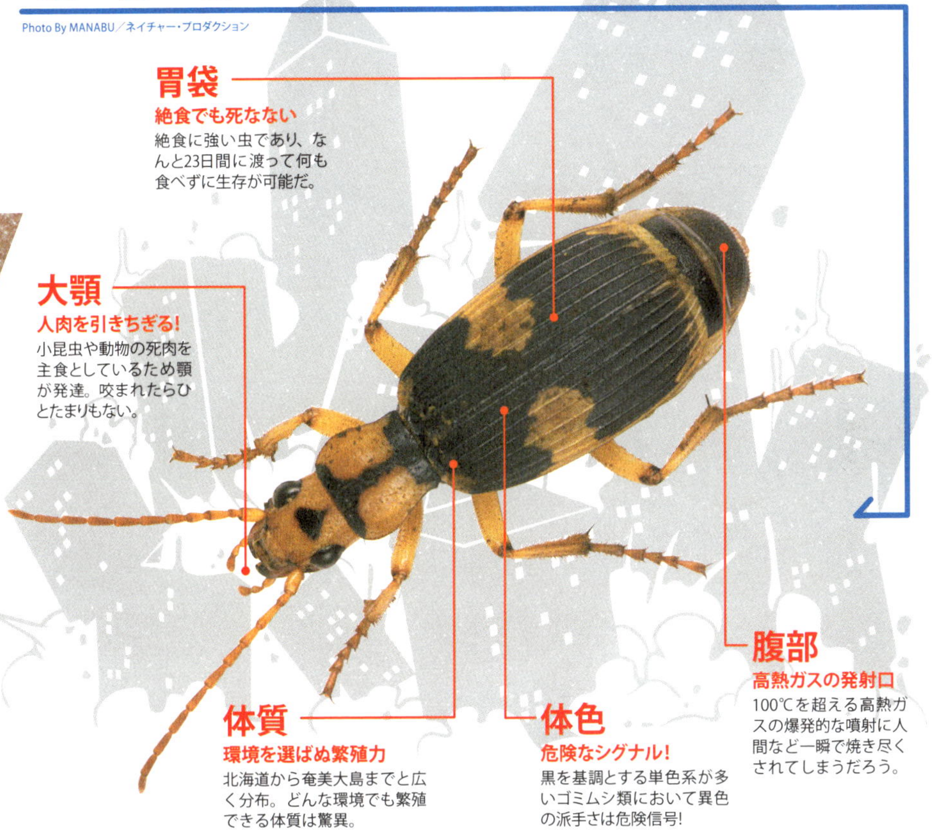
胃袋
絶食でも死なない
絶食に強い虫であり、なんと23日間に渡って何も食べずに生存が可能だ。
大顎
人肉を引きちぎる!
小昆虫や動物の死肉を主食としているため顎が発達。咬まれたらひとたまりもない。
体質
環境を選ばぬ繁殖力
北海道から奄美大島までと広く分布。どんな環境でも繁殖できる体質は驚異。
体色
危険なシグナル!
黒を基調とする単色系が多いゴミムシ類において異色の派手さは危険信号!
腹部
高熱ガスの発射口
100℃を超える高熱ガスの爆発的な噴射に人間など一瞬で焼き尽くされてしまうだろう。

人間どころか国をも滅ぼす化学兵器の脅威

ミイデラゴミムシの最大の特徴といえば、やはり高熱のガス噴射だが、この虫の恐ろしさはそれだけではない。ミイデラゴミムシは幼虫期からケラなどの卵を食べる、生まれながらの肉食虫なのだ。しかも、単にエサとして卵を与えられても摂取することはなく、自ら土中にある卵室へ侵入する過程を経て初めて卵を食べるという非常にストイックな性格なのである。

この精力的で攻撃性の強い虫の前では、便利な生活を求め、怠惰を貪っているような人間など造作もなく仕留められてしまうだろう。現実の比率でさえ人間に熱さと褐色の染みを刻みつける高熱ガスを、巨大化した状態でくらったとしたら全身火傷では済まされないはずだ。体は吹き飛ばされ、皮膚は焼けただれ、強烈な悪臭に悶絶する間もなく死に至るだろう。

バクダンオオアリ
戦慄の爆弾魔
自らの命と引き換えに
敵をまとめて道連れに！

体の中に毒を溜め込み怒りと共にブチまける!

戦闘において絶対的に不利な状況に陥った時、バクダンオオアリは体内の毒を撒き散らし自爆を試みる。当然、絶命は避けられないが相手へのダメージは計り知れない。

触れるが最後の「歩く爆弾」

バクダンオオアリ

学名：*Camponotus saundersi*
分類：節足動物門/昆虫綱/ハチ目/アリ科
体長：4〜8mm

生育過程：卵-幼虫-蛹-成虫（完全変態）
生息地：マレーシアとブルネイの間に生息

特徴：揮発性の成分を溜めておいて、強敵に対しては自爆して毒をばらまく

自爆も辞さない
命知らずの特攻野郎!

生態 敵をタダでは帰さない！腹に抱えた決死の覚悟

外敵の襲来に備えて体内で毒物を精製する生物は少なくないが、自らを破裂させて、毒物を撒き散らすことによって周囲を巻き込むという腹の決まった虫は滅多にいない。バクダンオオアリは、危害を加える者に対して手段を選ばずに制裁を加える危険極まりない思想の持ち主だ。

周囲を敵勢に囲まれたり、体を押さえ込まれたり、自分が不利な状況に追い込まれるとバクダンオオアリは迷わず腹部の筋肉を収縮させ、粘着性の毒液がたっぷり詰まった巨大な大顎線を爆破。自らの命と引き換えに、多くの敵を道連れにする。

この毒液がどのように生成されているのかは解明されていないが、成分としてはポリアセート、脂肪族炭化水素、アルコールなどで構成されており、刺激性と腐食性という性質を持ち合わせている。まともにくらえば、身体のあらゆる所に異常をきたし、無残な末路を辿ることになる。

もしも “バクダンオオアリ”が人間サイズになったら……街ごと大爆発!?

触角
逃げることさえ不可能!
人間の目や耳の役割を果たす触角が巨大化に伴い発達すれば、もはや逃げ場はない。
体節
防御も万全!?
自らの肉体を破裂させるほど強靭な腹筋の前では、人間の攻撃などほぼ無意味。
大顎線
毒液の火薬庫
大量の毒液が詰まった袋のような部分。人間はもちろん街をも崩壊させる総量。
後脚
爆弾を支える砲台
巨大な爆弾の衝撃に耐えうる後脚の脚力があれば、人間などまさに一蹴だろう。

唯一の回避法は、目を合わせないこと!?

体長わずか数ミリのアリが持つものですら、周囲の敵を皆殺しにしかねない威力を有するバクダンオオアリの爆弾。もしも人間サイズになったとしたら、街をも吹き飛ばすような破壊力になることだろう。

ただし、これは彼らにとって絶体絶命の時に発動させる最後の手段。いくら威力があるといえど簡単には使えないはず。また、こちらから危害を加えない限り、爆発することもないと考えられる。

最も厄介なのは、ある指揮官の元で集団化した場合。自分達の命をも顧みず、集団のための目的遂行に徹することになれば、まさに特攻隊のごとき脅威になるはずだ。

そうなった場合、我々には勝ち目どこか逃げ道もない。誰にも止められない爆弾魔を前に、ただただ恐怖におののき、命乞いをするのがやっとだろう。

毒殺スナイパー ユカタヤマシログモ

闇に紛れて暗躍し獲物を確実に仕留める！

暗闇でも精度が落ちない脅威の射撃命中力！

相手からは見えているのに、こちらからは相手が見えないというのは戦闘において最も危険な状態だ。夜行性の彼らは我々の死角から正確に毒を撃ち込んでくるだろう。

毒液殺法を極めた闇討ちの天才

ユカタヤマシログモ

学名：*Scytodes thoracica*
分類：節足動物門/クモ綱/クモ目/ヤマシログモ科
体長：4〜7mm

生育過程：卵-幼虫-成虫
生息地：日本では北海道から九州まで、海外ではユーラシアと北アメリカ

特徴：人家に生活していることが多く、クモ類で唯一口から糸を吐くことができる

口から吐き出す
毒性粘液！
くらえば終わりの
必殺の一撃！
Photo By Takuro Tsukiji

生態 暗殺を得意とする浴衣模様のクレバーな奴

神話や伝承、ファンタジー作品などには口から糸を吐くクモが数多く描かれているが、実はクモの多くは腹部末端から糸を出す身体構造になっている。しかし、このクモは本当に口から糸を吐き出して敵を仕留める珍しいタイプなのだ。

ユカタヤマシログモは押し入れや床下など暗い場所に生息している夜行性のクモで、獲物を見つけると静かに近づいてゆき、口から糸を吐き出す。この糸は毒性粘液のかたまりで、投網のように広がりながら相手を捕らえる。そうなってしまったら、獲物にはもうエサとして捕食される末路しか残されていない。主な獲物は小さな昆虫だが、時にはクモを捕まえて喰うこともある。

このいかにも日本的な名前は、京都の山城地方で見つかった浴衣模様のクモということに由来しているが、海外ではSpitting Spider（ツバ吐きクモ）と呼ばれており、世界各地の温帯地方に広く生息している。

もしも 〝ユカタヤマシログモ〟が人間サイズになったら……毒粘液で捕獲死確定

Photo By Takuro Tsukiji

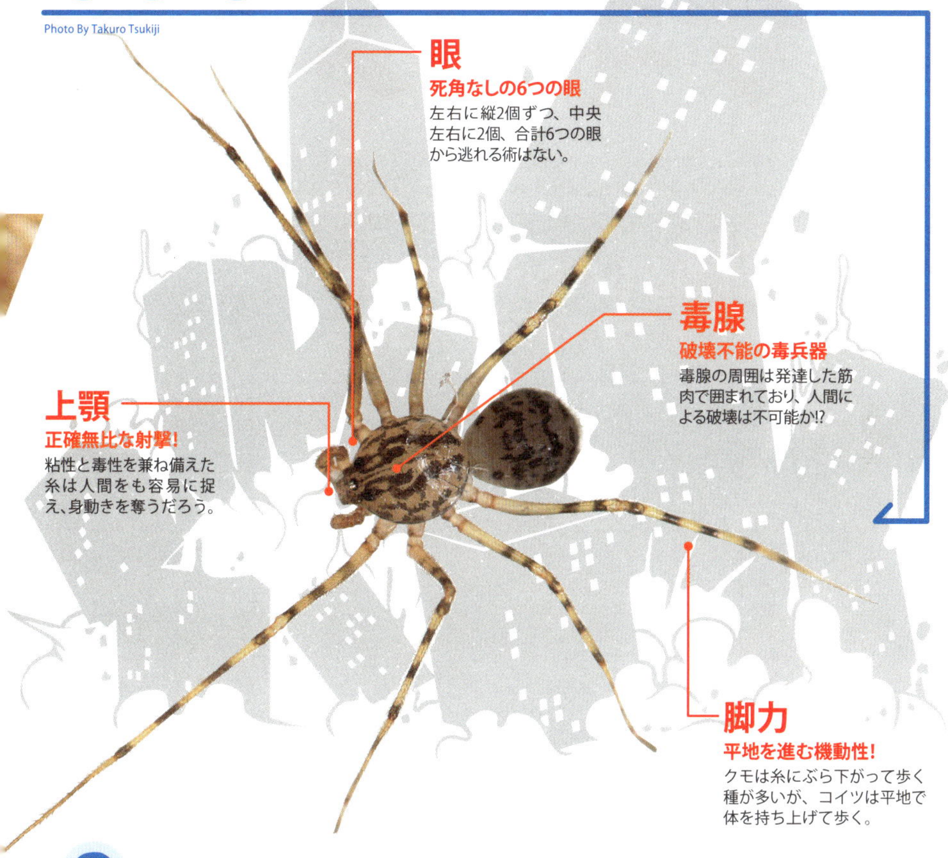
眼
死角なしの6つの眼
左右に縦2個ずつ、中央左右に2個、合計6つの眼から逃れる術はない。
毒腺
破壊不能の毒兵器
毒腺の周囲は発達した筋肉で囲まれており、人間による破壊は不可能か!?
上顎
正確無比な射撃!
粘性と毒性を兼ね備えた糸は人間をも容易に捉え、身動きを奪うだろう。
脚力
平地を進む機動性!
クモは糸にぶら下がって歩く種が多いが、コイツは平地で体を持ち上げて歩く。

家に巣食う暗殺者！ 夜もおちおち眠れない！

まず気をつけなければいけないのは、毒性のある粘液だ。これに捕まってしまったら、もはや助かる方法はない。しかも相手は夜行性であり、攻撃の射程距離が広いため、視界の悪い夜間は人間にとって非常に不利な状況といわざるを得ない。さらに悪いことに、ユカタヤマシログモは人家に住みつくことが多い。寝込みを襲われた場合、助けを呼ぶこともできないまま、捕食されてしまうだろう。

また、メス親は幼虫が孵化するまで卵を口にくわえて生活し、その間エサをとらないとされている。このクモに限ったことではないが子連れの生き物は気が荒ぶり、凶暴になる傾向にある。卵をくわえた個体と遭遇した場合は、なおのこと注意が必要だ。コイツから逃げのびるためには昼夜逆転の生活を続け、夜に寝ることを諦める他ない。

屋内を徘徊する悪臭の帝王

クサギカメムシ

学名：*Halyomorpha halys*
分類：節足動物門/昆虫綱/カメムシ目/カメムシ科

体長：13～18mm
生育過程：卵-幼虫-成虫
生息地：日本のほぼ全土

特徴：悪臭を放ち、果樹や豆類などの作物を荒らす害虫として古くから人間に嫌われていた

昆虫史上最強ともいわれる臭いが人間を次々とトラウマに追い込む

Photo By Takuro Tsukiji

生態 あらゆる隙間から入り込む異臭ばらまき屋

異臭を放つ数々の虫の中でも最強のニオイを誇るとされる種。その臭いは凶悪そのもので、ひどい場合には頭痛や嘔吐を引き起こすこともある。日本ではかつて、あまりの臭さに学校の授業が中断したという記録まで残されている。

さらに厄介なのが、彼らが屋内型の虫であること。特に寒い時期になると、戸口や窓の隙間、配管などから室内に侵入し、食器棚、ベッド、髪の毛の中と、あらゆる場所に出現する。そして、身の危険を感知すると、例の強烈な臭いを発するのだ。

この臭いは人間の鼻をひん曲げるだけでなく、仲間を呼び寄せる一種の合図にもなっている。いきり立って異臭を放つクサギカメムシに囲まれる状況は、想像するだけでも身の毛がよだつ。彼らには不法占拠という概念は通用しない。例え自分の身体を這い回られたとしても、決して刺激しない方が身のためだ。

もしも〝クサギカメムシ〟が人間サイズになったら……地球は死の星と化す!?

小楯板《しょうじゅんばん》
攻撃を跳ね返す堅牢な盾
まるで西洋の盾のような形の鞘翅。刃物や銃弾も防ぐだろう。
前翅の膜質部
恐怖の空中散布
飛行能力を備えているので、空中から臭気を撒き散らす可能性も!
分泌液
嗅覚崩壊では済まない!
普通サイズですら頭痛や嘔吐を引き起こす悪臭。即死もあり得る。
臭腺
強烈な臭いの元凶
中肢と後肢の間にあるため、ピンポイントで攻撃するのは不可能か!?
Photo By Takuro Tsukiji

何kmにも渡って被害を及ぼす大量破壊臭器

カメムシ類の臭さを知っている人は想像してみて欲しい。あの悪臭が何倍もの威力を持って襲いかかってくることを。それは周囲数キロを巻き込み、広範囲に渡って甚大な被害を及ぼすに違いない。人間は正気を保つどころか命さえ維持できないかもしれない。あまりの臭さで絶命。考えられる中で最悪の死に方といえるだろう。臭いが染み付いて誰も近づくことのできない遺体は、墓に葬られることなくただ朽ちていくのを待つばかりだ。

さらに、彼らが巨大な集団で分泌物を放ったとすれば、ものの数日間で青く美しい地球は、異臭にまみれた死の星へと変貌することだろう。人間は住み家を追われ、虫達は快適な室内で悠々と越冬し、子どもを育む。クサギカメムシは人類を、そして世界をも滅ぼす力を持っているのかもしれない。

酸性の雨を降らす日本最大の蟻

クロオオアリ

学名：*Camponotus japonicus*
分類：節足動物門/昆虫綱/ハチ目/アリ科
体長：7〜12mm（働きアリ）、17mm（女王アリ）
生育過程：卵-幼虫-蛹-成虫（完全変態）
生息地：日本のほぼ全土
特徴：約1,000匹の巨大コロニーを作る、日本最大の大型アリ

体の大きさなど意に介さない
ワーキングクラスファイター
Photo By 香田ひろし／アフロ

生態 敵を強酸地獄に陥れる残虐な殺し屋

働きアリで体長7〜12mm、女王アリで17mmという日本最大のサイズを誇るアリ。その大きさもさることながら、女王アリの寿命は10〜20年に達するという点も群を抜いている。

女王アリが出産し、次々と働きアリが増えていくのに伴い、巣穴は徐々に拡大していく。4、5年で成熟した巣穴が完成するが、その大きさは深さ1〜2m、働きアリの数は1,000匹を超えることも珍しくない。

働きアリは小さな昆虫を殺したり、死骸を見つけては巣に持ち込み、その死体を解体して食料として貯蔵する。集団で狩りや解体を行なう彼らにとって、体の大きさなど大した問題ではない。エサは速やかにバラされ、跡形もなく喰い尽くされるのだ。

また、彼らの体内には蟻酸を飛ばす機能が備わっている。敵に接近せずとも攻撃を仕掛けられるので、意表を突かれた相手は無残にも強酸の餌食となる。

もしも〝クロオオアリ〟が人間サイズになったら……蟻酸で骨まで溶かされる!?

Photo By Takuro Tsukiji

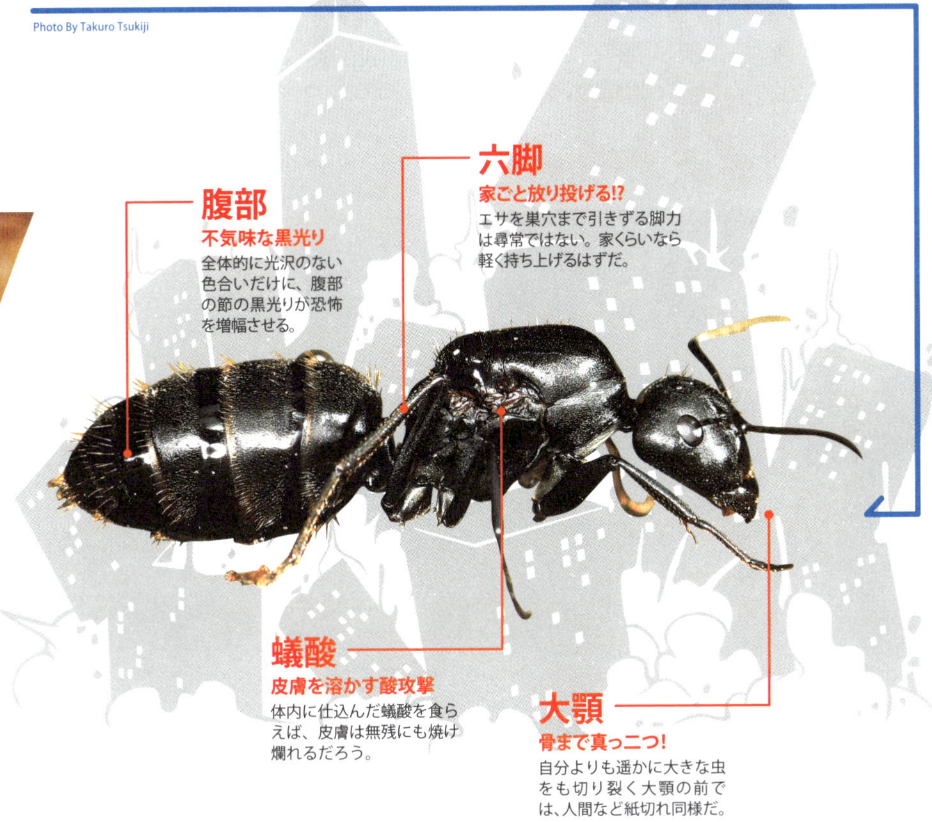
腹部
不気味な黒光り
全体的に光沢のない色合いだけに、腹部の節の黒光りが恐怖を増幅させる。
六脚
家ごと放り投げる!?
エサを巣穴まで引きずる脚力は尋常ではない。家くらいなら軽く持ち上げるはずだ。
蟻酸
皮膚を溶かす酸攻撃
体内に仕込んだ蟻酸を食らえば、皮膚は無残にも焼け爛れるだろう。
大顎
骨まで真っ二つ!
自分よりも遥かに大きな虫をも切り裂く大顎の前では、人間など紙切れ同様だ。

都市ごと溶かし切る非情な死の雨

体長わずか10mmほどの働きアリが、2mもの深さを持つ巣穴を作ると考えると、もしも170cmの人間になったとしたら、およそ340mもの穴を掘ることになる。地下にそんな深い穴を掘られてしまっては、人間は行き場を失ってしまう。

彼らは非常に獰猛な性格で知られており、一度相手に咬み付いたら決して離さず、死ぬまで戦うという異常なまでの闘争心を持ち合わせている。彼らとの戦いの決着は、どちらかの死以外にはあり得ないのだ。

また、体内に隠し持つ蟻酸の存在も忘れてはならない。遠距離攻撃が可能な上に、極めて強力な酸性物質である。体の一部にでも触れると、皮膚だけでなく骨まで溶かされるに違いない。

戦場に降る強酸の雨は、街の姿も一変させてしまうだろう。

加減を知らない暴走マシーン［サソリモドキの一種］

テキサス・ジャイアント・ビネガロン

学名：*Mastigoproctus giganteus*

分類：節足動物門/クモ綱/サソリモドキ目/サソリモドキ科

体長：70mm　生育過程：卵-幼虫-成虫　生息地：北アメリカ

特徴：ビネガロンという名前は酢のビネガーからきており、尻の先から刺激臭を放ち攻撃してくる

脊椎動物すら
ミンチにする強力な棘と
毒よりも恐ろしい
残虐性を持つ生物
Photo By Takuro Tsukiji

生態 決して相手を離さない冷酷な死のハグ

両手のハサミと尾の先に長い針を持つ姿からサソリモドキの異名を持つが、実際にはサソリのような毒は持っていない。ただし、毒よりも恐ろしい残虐性を秘めている。

特徴は何といってもその捕食スタイルにある。一見大きく鈍そうな見た目とは裏腹に獲物を発見した時の瞬発力は凄まじく、一気に相手との距離をつめると躊躇うことなく両手のハサミで襲いかかる。相手を捉えるとハサミと膝節部の長い棘で押さえつけ、腿節部に複数あるの短い棘で獲物を押しつぶしながら、歯車で巻き込むようにして貪り喰う。その姿はまるで停止ボタンがイカれた無慈悲な機械のよう。時には小型の脊椎動物を食すこともある。

また、尾の付け根からは酸性の強い液体を噴射することもある。これに触れると皮膚炎を起こしたり、目に入ると角膜を損傷することになるので注意が必要だ。近距離、遠距離にも強い。まさに無敵の生物だ。

もしも〝テキサス・ジャイアント・ビネガロン〟が人間サイズになったら……酸性物質で失明!?

Photo By Takuro Tsukiji

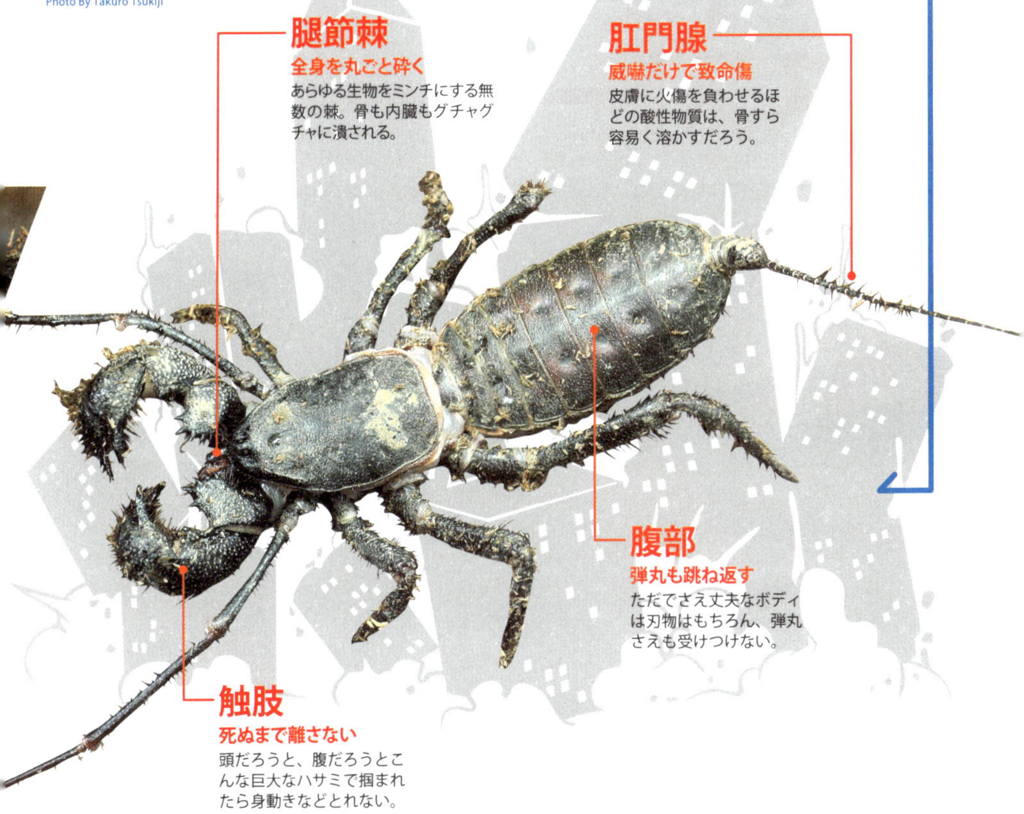
腿節棘
全身を丸ごと砕く
あらゆる生物をミンチにする無数の棘。骨も内臓もグチャグチャに潰される。
肛門腺
威嚇だけで致命傷
皮膚に火傷を負わせるほどの酸性物質は、骨すら容易く溶かすだろう。
腹部
弾丸も跳ね返す
ただでさえ丈夫なボディは刃物はもちろん、弾丸さえも受けつけない。
触肢
死ぬまで離さない
頭だろうと、腹だろうとこんな巨大なハサミで掴まれたら身動きなどとれない。

視覚、身動き、肉、意識、命の残忍フルコース

見た目以上のスピードと、見た目通りの凶暴性を兼ね備えたこの虫が、人間を襲う姿を想像するのは容易い。酸性物質によって視覚を奪われ、巨大なハサミでもって体を押さえつけられ、肉を潰されながら、捕食されていく。意識を失うのが先か、心臓が止まるのが先かは、すでに大した問題にはならない。

食への執着心は、生きることに対する執着ともいえる。よく物語などでは、生への執念が強い方が生き残るなどというが、この化け物の前で生き残るのは決して人間ではない。そこには絶対的な力の差がある。捕食の仕方が大胆であるせいか、好き嫌いが激しいのか、コオロギの足などを食べ残すことが多い。食事後の現場に無残な姿で人間の四肢が散乱している情景まで浮かぶほど、彼らの力は圧倒的だ。

強毒を持つ南アの刺客

ジャイアントデスストーカー

学名：*Paraduthus transvaalicus*
分類：節足動物門/クモ綱/サソリ目 /キョクトウサソリ科
体長：70mm
生育過程：卵-幼虫-成虫
生息地：アフリカ
特徴：巨大かつ猛毒の持ち主。また毒液をスプレー状に吹きかけることもできる

撒き散らされる
猛毒シャワーに
身体は痺れ、
意識は遠のく
Photo By Picturealliance／アフロ

生態 絶対的な毒液量が可能にする広角毒霧噴射

いくら優れた銃の腕前を持っていようと、銃に込める弾がなければなんの威力もない。逆に、多少技術的に劣っていようと、弾を何発も持っている方が遥かに恐ろしい。ジャイアントデスストーカーはサソリの中でも最大クラスの毒液量を誇る。それによって、ピンポイントの攻撃ではなく広範囲に及ぶ毒霧攻撃を可能にしているのだ。

「サウスアフリカンジャイアントファットテールスコーピオン」という別名が示している通り、この南アフリカ産のサソリは巨大な体と、太い尻尾が大きな特徴である。サソリの多くは毒針を相手に差し込んで攻撃するが、このサソリの大型な体はタンク、極太の尻尾はホースのような役割をしており、敵が近づくと大量の強毒液をスプレー状に噴射して撃退する。弾数がなければ決して真似することのできない攻撃方法だ。また、攻撃性も強く、興奮するとすぐにダラダラと毒液を垂らす個体もいる。

もしも〝ジャイアントデスストーカー〟が人間サイズになったら……毒液噴射で死亡者続出!?

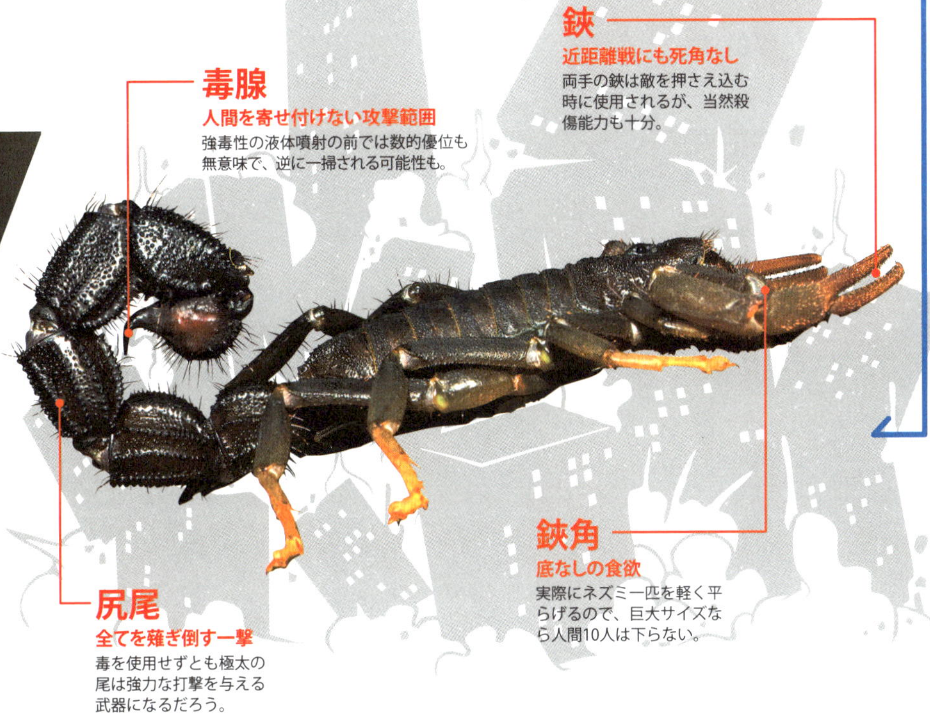
鋏
近距離戦にも死角なし
両手の鋏は敵を押さえ込む時に使用されるが、当然殺傷能力も十分。
毒腺
人間を寄せ付けない攻撃範囲
強毒性の液体噴射の前では数的優位も無意味で、逆に一掃される可能性も。
鋏角
底なしの食欲
実際にネズミ一匹を軽く平らげるので、巨大サイズなら人間10人は下らない。
尻尾
全てを薙ぎ倒す一撃
毒を使用せずとも極太の尾は強力な打撃を与える武器になるだろう。

Photo By Photoshot／アフロ

人類を喰い尽くして繁栄する獰猛な肉食虫

実際のサイズでもネズミ一匹くらいはペロリと平らげてしまうほど食欲旺盛なだけあって、彼らの成長スピードには目を見張るものがある。幼虫から数回の脱皮で立派な体ができ上がり、毒霧を撒き散らすことになる。しかも、健康なメスは一度に100匹以上の子どもを出産するというから恐ろしい。現実世界では外敵からの攻撃や共食いによって、相当数の子が死に絶えるが、それでも数十匹は巨大な猛毒サソリと化す。

この驚異的な繁殖力と成長速度を持つサソリが人間サイズになって猛毒を撒き散らすとしたら、一体どれほどの人間が命を落とすだろうか。毒で仕留められた人間は高栄養のエサとなり、彼らのさらなる成長、繁栄の糧となるはずだ。人間が死に絶えたら次には共食いが始まるだろう。それは人類には想像すらできなかった地獄絵図だ。

クワガタ界きっての暴君

グラントチリクワガタ

学名：*Chiasognathus granti*
分類：節足動物門/昆虫綱/コウチュウ目/クワガタムシ科
体長：70〜90mm
生育過程：卵-幼虫-蛹-成虫（完全変態）
生息地：チリとアルゼンチン
特徴：体長の半分を占める大顎、その下にある小さな顎と2つの顎を持つクワガタ

巨大な顎で咬み付き、
長い足を振り回す
リーチを活かした
ファイトスタイル
Photo By Ardea／アフロ

生態 自分の間合いで戦う遠距離攻撃のスペシャリスト

まず目を見張るのは、体長の約半分を占める巨大な大顎。根元から先端までビッシリと歯が生えており、挟んだ獲物に食い込むようになっている。リーチが長い分、挟む力は分散されてしまうが、その下にもう2本短い顎があり、こちらは十分強い力を持っているので、相手や用途に応じて使い分けがなされているようだ。

しかし、このクワガタの最大の武器は、実は前脚にある。細く長い脚を、しなやかな鞭のように振り回し、相手に攻撃を加えるのだ。その様子はまるで、自分が絶対的に有利な間合いを熟知しているアウトボクサーのよう。外からの攻撃が届かない上、内側に潜り込めば短い顎の餌食になるので、手の出しようがない。

また非常に気性が荒く、一度火が付くと一層好戦的になるので逃げようにも簡単には逃がしてくれない。艶のある美しい見た目に反し闘志剥き出しのファイターなのだ。

もしも〝グラントチリクワガタ〟が人間サイズになったら……全身バラバラに解体される!?

Photo By Takuro Tsukiji

小顎
深くえぐる殺傷能力
短く小回りの利く刃は、鋭い刺し味で近づく者に致命傷を与えるだろう。
後脚
恐怖を増長する威嚇音
後脚と翅を磨り合わせて鳴らすギィーギィーという威嚇音は見る者を氷つかせる。
大顎
人間など一刀両断
挟む力が強くないとはいえ、人間サイズともなれば大木でも切断できるはず。
前脚
絶望的なリーチの差
大顎に引けを取らないほどの間合いを誇る鞭のような前脚は人間を絶望させる。

指一本触れさせず、人類をなぶり殺す

もしも、彼らが人間サイズになったとすれば、全身の半分を占める大顎の長さは90㎝近くになる。刃渡り90㎝で、内側にギッシリと細かい歯が並ぶ刃に挟まれる恐怖や痛みは想像を絶する。

そして鞭のようにしなる前脚もまた、巨大化することによって遠心力が増し、威力が格段に上昇すると考えられる。ただでさえ、しがみつく力が強い同種の敵を一発で木から落としてしまうような蹴りだ。外皮の柔らかい人間にとっては内臓をえぐり、骨をも砕く一撃になりかねない。格闘家をも凌ぐ破壊力であることは明白だ。

遠くへ逃げようが捕まり、高いところに避難しようがすぐさま飛んでくる。銃器はメタリックのボディに防がれ、彼らは食べるでも、弄ぶでもなく、呼吸をするような自然さで我々を蹂躙するに違いない。

防虫対策
もしもの時のために知っておくべき
虫についてのエトセトラ
マメ知識
其の 04

If an insect becomes the human being size……

害虫を上手く コントロールする方法

害虫駆除と害虫管理 どうすれば虫と共存できるのか?

眼には眼を、天敵には天敵をもって制す!?

第二次大戦後、人類は殺人兵器として開発した毒ガスを農薬に流用することで、一時的に害虫駆除に成功した。しかし、害虫そのものを根絶できるわけではない。ある土地を追われた害虫は、別の土地で大量発生する。また、どんなに強力な農薬を散布しても、害虫に耐性ができれば効力を失うのだ。

こうして農家では、何度も農薬を散布して高いコストを払い、逆に害虫を多発生させ農作物の収量を減らしてしまう矛盾した事態になっていた。そこで注目されるのが、土着の天敵を活用した害虫防除法である。

コナガの幼虫に摂食されたキャベツは、コナガの天敵であるコナガコマユバチを特異的に誘引する化学物質を放出する。その化学物質を利用して、その名も「ハチクール」という寄生蜂誘引剤を開発したのだ。キャベツと同様に、アブラナ科のミズナを栽培しているビニールハウスでは、4種の誘引化合物をブレンドしたハチクールを使用して、周辺のコマユバチを誘引し、コナガの発生を抑制するのに成功している。

農作物に害を及ぼすのは昆虫だけではない。ダニ類や線虫類、哺乳類や鳥類、微生物や雑草など、多種多様な生物がいるのである。それらを活用し、天敵には天敵をもって制すれば、高いコストや生態系の破壊といった代償を支払う必要もない。

害虫の大発生は、人間にたとえるなら、その生態系が「免疫力」を失っている状態だといえる。弱った人には強すぎる薬は逆効果だ。農業生態系は作物と害虫だけで成立しているのではない。害虫以外の「ただの生物」を農業生態系のなかで共存させ、「免疫力」を高めていくことが重要なのだ。

複雑で豊穣な生態系の相互作用をうまく活用した害虫防除法によって、根絶するのではなく、虫たちと共存した農業のあり方が求められている。

◎ジャガイモの大害虫として知られるコロラドハムシ。成長を阻害する環境に優しい昆虫制御剤の研究も進んでいるという。

◎19世紀末に豪州から米国に導入され、柑橘類栽培の天敵とされていた害虫を劇的に退治したベタリアテントウ。

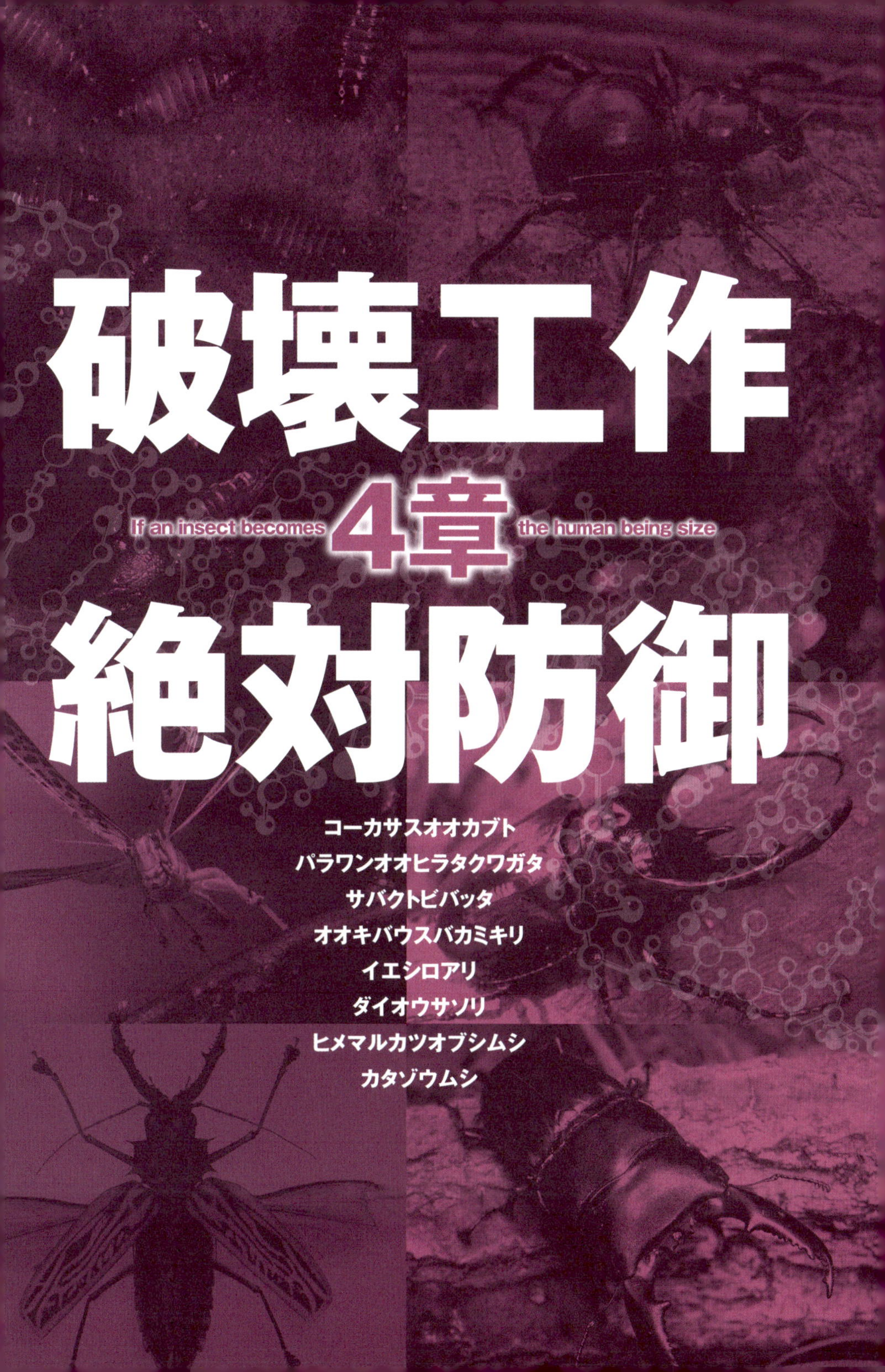

4章

If an insect becomes the human being size

破壊工作 絶対防御

コーカサスオオカブト
パラワンオオヒラタクワガタ
サバクトビバッタ
オオキバウスバカミキリ
イエシロアリ
ダイオウサソリ
ヒメマルカツオブシムシ
カタゾウムシ

甲虫界最強王者
女・子どもも容赦なし！
残虐すぎるアウトロー
コーカサスオオカブト

気に食わない奴らは皆殺し!
無敵の攻撃力を誇る荒くれ者

向かってくる敵はもちろんのこと、交尾を拒否したメスも躊躇わずに殺す凶暴な種。彼らが巨大化した世界で生き延びるためには、従順な下僕となって奉仕する他ない。

暴力の限りを尽くす黒い悪魔

コーカサスオオカブト

学名：*Chalcosoma chiron*
分類：節足動物門/昆虫綱/コウチュウ目/コガネムシ科
体長：130mm
生育過程：卵-幼虫-蛹-成虫（完全変態）
生息地：スマトラ島・ジャワ島・マレー半島・インドシナ半島などの亜高山帯から高山帯にかけて
特徴：3本の角を持つアジア最大のカブトムシ。攻撃性も強く、人間を威嚇することもある

すべてを破壊し尽くす
恐怖の三本角
極悪非道のヒールキング
Photo By Takuro Tsukiji

生態 殺すだけでは収まらぬ狂気！猟奇的殺戮者

南米産のヘラクレスオオカブトと並んで、世界最強と称されるアジア最大のカブトムシ。リーチの長さではヘラクレスに劣るものの、闘争心でいえばあらゆる甲虫を完全に凌駕している。その凶暴性は生まれ持ったものなのか、幼虫にしてすでに好戦的で、唯一の武器である大顎で外敵に咬み付く。成虫ともなれば、見た目にも威圧感十分な三本角で如何なる相手も木から引き剥がし締めつけた上で、ブン投げる。前脚の爪もとても鋭利で、腹部と挟むことによって相手の脚を切断することもある。

人間に対しても怖気づくことなく、むしろ自ら向かってくるほどに気性が荒い。時には攻撃の矛先が交尾を拒否したメスに向かうこともあり、倒した敵を目的もなくバラバラにするという奇行も確認されている。これほどまでに凶悪であるため、他者との共存は不可能。ケース中では当たり前に殺し合いが始まるので単体で飼う必要がある。

もしも〝コーカサスオオカブト〟が人間サイズになったら……虫けら同然に蹂躙される!

Photo By Takuro Tsukiji

三本角

万能にして最強の武器

刺す、締める、放り投げるなど、あらゆる攻撃が可能な三本角は何人がかりだろうと止められない。

上翅

夜空を舞う翼

飛行の際は、けたたましい音と共に嵐のような突風を巻き起こすに違いない。

前胸背板

鈍く光る漆黒の鎧

まるで武士の甲冑をおもわせるような強固な鞘翅は、どんな攻撃をも跳ね返す。

前脚

鋭い爪が手足を切断

鋭利な爪で挟み込こまれたら人間の手足など簡単に切り落とされる。

死してなお攻撃の手を緩めてくれないイカレタ暴徒

コーカサスオオカブトの尋常ならざる凶暴さは生態で説明した通りだが、人間サイズになったならば、狂気はさらに膨れ上がるだろう。

こちらが危害を加えなくとも、彼らはお構いなしに襲いかかってくるはずだ。ある者は3本の角で絞め殺され、ある者は鋭い爪で体を切断され、またある者は串刺しにされるだろう。たとえ、運よく即死できたところで肉体はバラバラに引き裂かれ、ボロ雑巾のように捨て去られる運命にある。

女・子どもだろうと容赦なく殺害する。決して話が通じる相手ではない。かといって、対抗できる可能性も皆無となれば、ぜいぜい身を隠して彼らが殺し合うことに期待するしかない。

世間では王様扱いされているが、快楽殺人鬼という正体を知った時、人間は思いもよらなかった恐怖で彼らに跪くことになる。

人間相手にも一歩も引かない クワガタ界の最強横綱

鍛え抜かれた大顎は人間の身体を引きちぎり、車を投げ飛ばし、建物さえ咬み砕くだろう。正面から正々堂々と立ち向かって彼らに勝てる人間などいるはずがない。

戦慄の破壊王
あらゆるものを打ち砕き
どんな相手も投げ飛ばす
パラワンオオヒラタクワガタ

天下無双の二本刃

パラワンオオヒラタクワガタ

学名：*Dorcus titanus palawanicus*

分類：節足動物門/六脚上綱/コウチュウ目/クワガタムシ科

体長：70～110mm

生育過程：卵-幼虫-蛹-成虫（完全変態）

生息地：パラワン島

特徴：非常に好戦的で、なおかつ顎の力も強い、最大最凶のクワガタムシ

挑戦者はひとり残らず薙ぎ倒す！
向かうところ敵なしの怪力戦士
Photo By Takuro Tsukiji　※注：写真はスマトラヒラタクワガタ

生態 暴れると手がつけられないタフでパワフルな重戦車

全世界に約1,500種いるとされているクワガタムシ科の中で最強との呼び声高い一匹。大型のものは人間の手の平からはみ出すほどのビッグサイズで、ずっしりとした重さがある。

持ち味は何といっても圧倒的なパワーと好戦的な気性だろう。大きく発達した顎は、威嚇のための飾り物ではなく、どんな相手をも確実に捕獲する代物で、そこに細かく並んだ歯は容赦なく体に突き刺さる。獲物が逃げようとして、もがけばもがくほど、歯は深く食い込み、ガッチリとロックされてしまう。中には宙に放り投げられる前に、挟まれたままの状態で苦しんで息絶えるものもいるようだ。

重厚な体と強靭なパワーに恵まれている分、俊敏さには欠けるという弱点もあるが、それを差し引いても余りあるほどの攻撃力を備えており、最強クワガタとしての地位は決して揺るがない。

もしも〝パラワンオオヒラタクワガタ〟が人間サイズになったら……勝機はゼロ!?

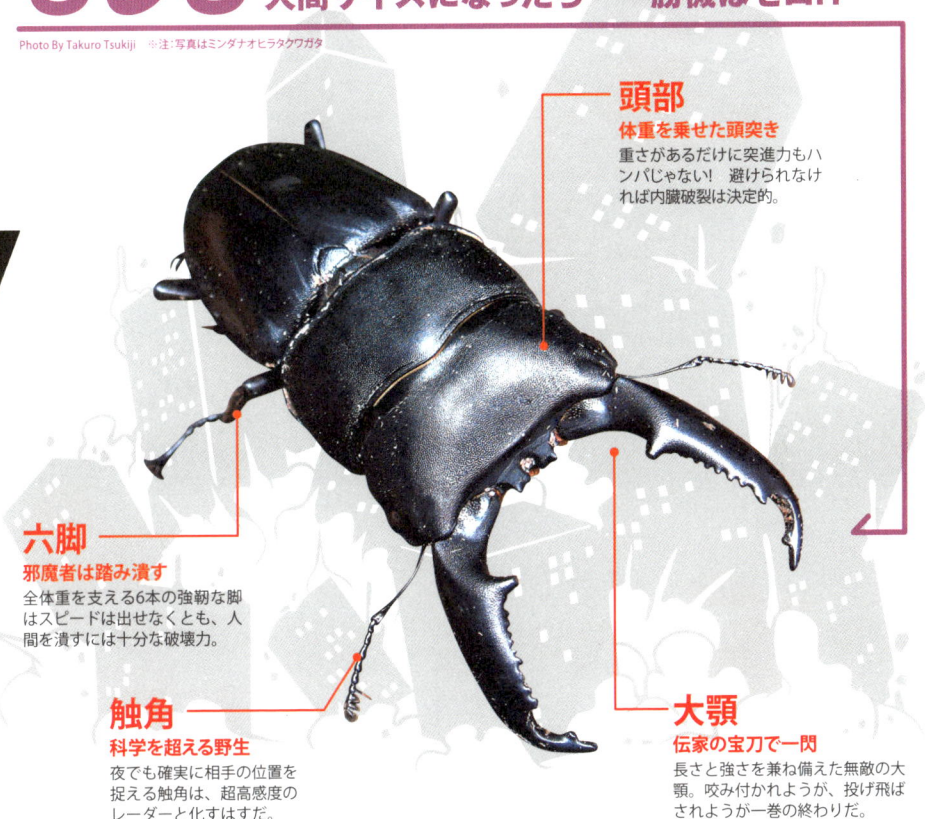

Photo By Takuro Tsukiji　※注：写真はミンダナオヒラタクワガタ

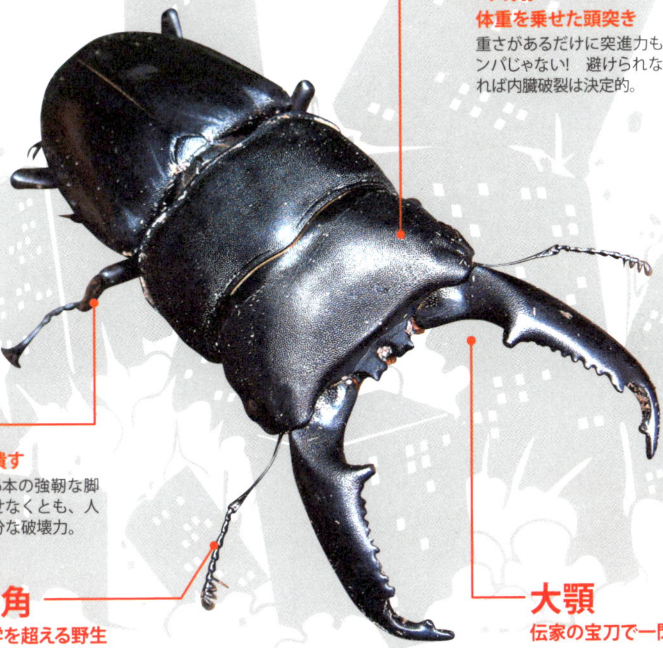

頭部
体重を乗せた頭突き
重さがあるだけに突進力もハンパじゃない！　避けられなければ内臓破裂は決定的。

六脚
邪魔者は踏み潰す
全体重を支える6本の強靭な脚はスピードは出せなくとも、人間を潰すには十分な破壊力。

触角
科学を超える野生
夜でも確実に相手の位置を捉える触角は、超高感度のレーダーと化すはすだ。

大顎
伝家の宝刀で一閃
長さと強さを兼ね備えた無敵の大顎。咬み付かれようが、投げ飛ばされようが一巻の終わりだ。

相手によって戦い方を変える戦闘センスの塊！

クワガタをクワガタたらしめる大顎は、挟む、投げる、引きちぎる、締めるなど多彩なバリエーションの攻撃をくり出すことができる。だから、人間だろうが、戦車だろうが、戦闘機だろうがヤツらに対して有効的な対抗手段とはいえない。どの道、あの大顎の餌食になってしまうのが運命だ。

彼らは広葉樹の樹液を主食とし、光に集まる習性があるので、おびき寄せるのは比較的簡単かもしれない。そして万が一、人間に勝機があるとすれば食事をしている隙だろう。どんな生物も、食事中は注意力散漫になる、そこを狙うのだ。

急所らしい急所はないが、硬質な背中に比べて腹部側は多少やわらかくなっている。狙うとすればそこしかない。ただし、失敗すれば間違いなく大顎が襲ってくる。一か八かの大博打で挑む覚悟が必要だ。

天罰の執行者
サバクトビバッタ
空から舞い降りすべてを一瞬で無に帰す！

人々をパニックに陥れる目にも留まらぬ猛ラッシュ

このバッタは数年に一度、数兆匹規模の巨大な群れを成して大移動を行なう。羽音は耳をつんざき、着地の振動は大地を揺るがすだろう。後には甚大な被害だけが残っているはずだ。

聖書にも残る生ける伝説

サバクトビバッタ

学名：*Schistocerca gregaria*
分類：節足動物門/昆虫綱/バッタ目/バッタ科
体長：40〜60mm

生育過程：卵-幼虫-成虫
生息地：アフリカ、中東、アジアの広範囲に生息

特徴：世代交代を繰り返しながら、広範囲を移動する大型のバッタ。旧約聖書にも登場

地中より生まれ、
天空より飛来する
怒り狂った
異次元の侵略者
Photo By Minden Pictures／アフロ

生態 傲慢な人類が生み出した突然変異体の大群

動物の中には生活環境によって姿や大きさを変えるものがいるが、このバッタは性格や行動様式までもが環境によって大きく左右される。通常は単体で行動し、緑色をしているが、農地の拡大や干ばつによって住処となる草原が狭くなると、集団で活動するようになり体色も黒く変わる。そして突如として蝗害《こうがい》を引き起こすのだ。

蝗害とはバッタが大量発生して、農作物が食い荒らされる被害のことをいう。古くは聖書やコーランにも残るこの被害は、行く手にあるすべての作物を丸裸にし、人間を飢饉に追い込む。彼らは毎日自分の体重と同じ量の植物を喰らうだけでなく、その排泄物は食物を腐らせてしまう。さらには、そこに卵が生みつけられ、無数の幼虫が孵化するのだ。畑は作物を失うだけでなく、畑としての機能そのものを失うことになる。2003年に西アフリカで蝗害が発生した際の農被害は25億ドルに上った。

もしも “サバクトビバッタ”が人間サイズになったら……食料危機で大パニック!

Photo By Minden Pictures／アフロ

前翅
驚異的な跳躍力
恐るべきジャンプ力による突進は、戦闘機並の威力を発揮するだろう。
気門
轟く不気味な音
バッタの呼吸器官である気門は、呼吸の度に開閉し、不気味な音を響かせるだろう。
後脚
大陸を横断する脚力
多い時は1日に200kmを移動するという脚力は尋常ではない。蹴りの風圧ですら肉を切る。
口器
旺盛な食欲
毎日自分の体重と同じ量を食すという底なしの胃袋。彼らの通り道はすべて荒野と化す。

大空を埋め尽くし、大地を飲み込む無数の影

体長わずか50mmほどしかないバッタが、1日に200kmものを距離を移動することを考えると、人間サイズになれば2日もかからずに地球を一周できることになる。時速に換算すると300km近いスピードだ。そんなスピードを誇るバッタが数兆匹という群れで空から襲ってくる光景は、世界の終わりというに相応しい。

街は絨毯爆撃をくらったように壊滅し、畑は一瞬にして元の荒地と変わり果てるに違いない。実際の被害では農作物だけでなく、紙や衣類までも食べ尽くされている。当然、人間も助かりはしないだろう。しかし、同時に踏み潰されたり、ぶつかり合ったバッタの群れも大量に命を落とす。彼らの通った後には、荒れ果てた大地と、無残に積み重なる人間とバッタの死骸で埋め尽くされることになるだろう。

傍若無人な殺人ニッパー

オオキバウスバカミキリ

学名：*Macrodontia cervicornis*
分類：節足動物門/昆虫綱/コウチュウ目/カミキリムシ科
体長：100〜150mm
生育過程：卵-幼虫-蛹-成虫（完全変態）
生息地：南アメリカ大陸のアマゾン川流域にのみ生息
特徴：世界で最も大きい顎を持つカミキリムシとして知られ、その大顎は小枝を切り落とすほど強力

肉を切り裂き、骨まで断つ！
人智を超えた衝撃の切断力！
Photo By Minden Pictures／ネイチャー・プロダクション

生態 〝切る〟ことに特化したカッティングマスター

体長10〜15cmと、昆虫の中でもかなり大型なタイプ。外見を見ているだけでも存在感と威圧感に満ち溢れている。そのうちの約3分の1を占めるのがインパクトのある巨大な大顎だ。

最大の特徴でもあるこの大顎は、直径2㎝ほどの枝を難なく切り落とす威力を持っている。日常的に丈夫な植物の繊維や木をかじり取っているため周囲の筋肉も発達しており、人間も指などに咬みつかれた場合、出血は間違いないだろう。また、クワガタと違って、触角が長く進化しているため、餌場を探したり、敵を感知する能力にも長けている。

アマゾン川流域を生息地とするこの虫は、広大な熱帯雨林の中で進化してきたからこそ、ここまで巨大になったと考えられている。しかし現在、アマゾンの大自然は人間の開発によって続々と破壊され、彼らが暮らせる環境は急激に減少してきている。

もしも〝オオキバウスバカミキリ〟が人間サイズになったら……簡単に人体切断!?

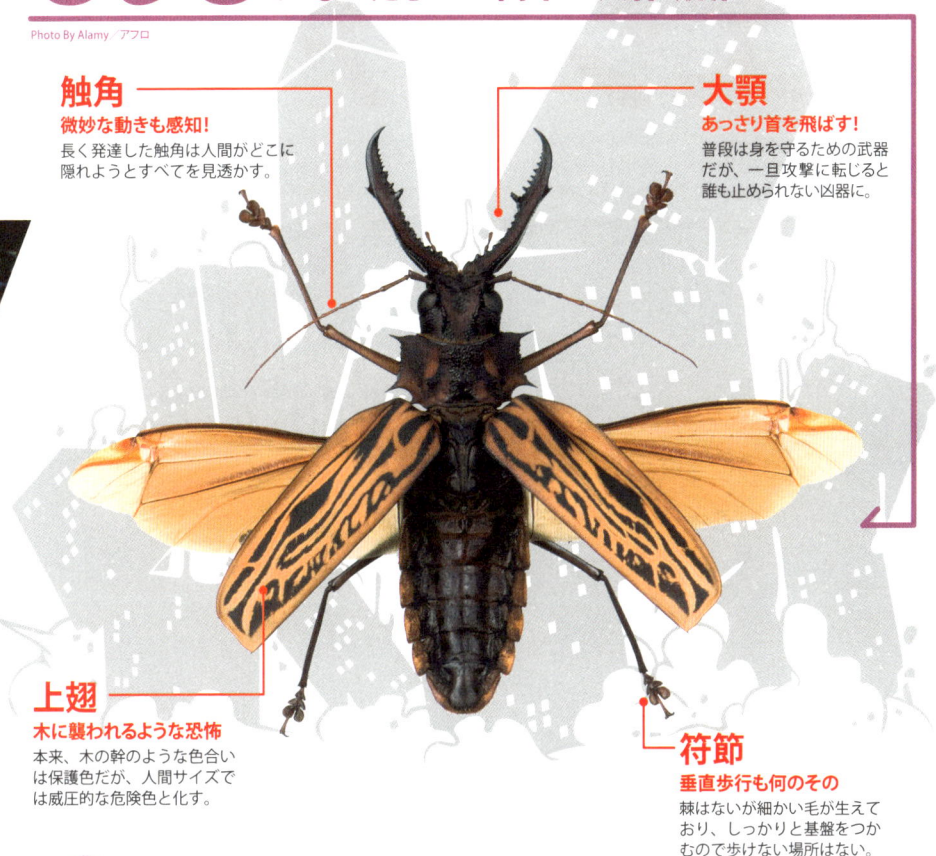

Photo By Alamy／アフロ

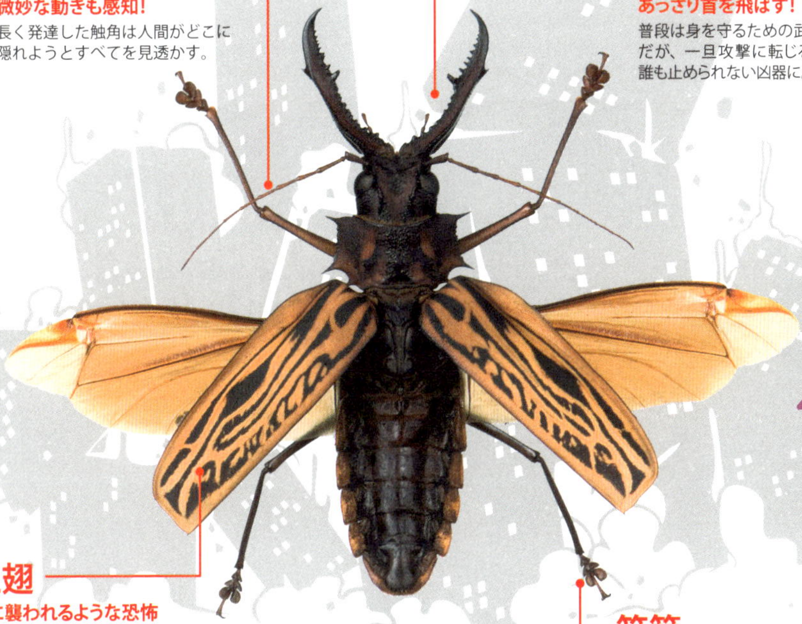

触角
微妙な動きも感知!
長く発達した触角は人間がどこに隠れようとすべてを見透かす。

大顎
あっさり首を飛ばす!
普段は身を守るための武器だが、一旦攻撃に転じると誰も止められない凶器に。

上翅
木に襲われるような恐怖
本来、木の幹のような色合いは保護色だが、人間サイズでは威圧的な危険色と化す。

符節
垂直歩行も何のその
棘はないが細かい毛が生えており、しっかりと基盤をつかむので歩けない場所はない。

生き残るための死闘！ 人間の殲滅が至上命題

巨大化した大顎は、直径30cmほどの木をも切断するほどの威力になり、人間の肉体はもとより、骨ですら何の苦労もせずに切り裂くはずだ。家に逃げ込もうと柱や壁は何の防護壁にもならない。長い触角で人間の位置を寸分狂わず感知し、確実に首や胴体を真っ二つにするだろう。

前述の通り、彼らが現在抱える最大の問題は失われ続ける生息環境だ。いくら強くとも、生きていける場所がなければ確実な死滅が待っている。だが解決する方法がないわけではない。この事態を最も効果的に解決する方法は、自然にとって唯一の敵である人間を殲滅することだ。人間さえ絶滅してしまえば、他に敵がいなくなる自然は徐々に再生し、彼らも再び繁栄するだろう。人間を滅ぼすことは、彼らが生き残るために避けては通れない戦いなのかもしれない。

人類にとって最大の天敵

イエシロアリ

学名：*Coptotermes formosanus*
分類：節足動物門/昆虫綱/シロアリ目/ミゾガシラシロアリ科
体長：5～8mm(働きアリ) 40mm(女王アリ)
生育過程：卵-幼虫-成虫
生息地：中国から台湾にかけてが原産地と考えられているが全世界に生息
特徴：コロニーは最大で100万匹に達し、鉄筋コンクリートの家すら破壊する

家をエサにし、
人間を追い出す！
世界にも例を見ない
日本屈指の危険虫
Photo By Photo take／アフロ

生態 乗っ取った城を命がけで堅守する不屈の兵士

地下に蔓延り、柱や壁を蝕みながら、人間の家を乗っ取るタチの悪い虫。その被害は虫によるものとは思えぬ規模で基礎が陥没したり、柱が腐朽することによって、60年は保つとされる鉄筋コンクリートの家がわずか10年ほどで無残に傾いてしまう。

彼らの手口はしたたかだ。普通のシロアリは湿った木材を食害するが、彼らは乾燥したところに湿った土を運んで湿度を高めることによって、家のあらゆる部分を喰う。ひとつの巣で暮らす個体数は時に100万匹という数に達するため侵食も極端に早い。

社会性昆虫に分類される彼らは、産卵する女王アリを頂点に、交尾に励む王アリ、食事の採取・運搬などを担当する職アリ、防衛任務の兵アリなどの役職が決められており、地下に一大コロニーを形成している。これを拠点に、地上に建つ家屋へ侵攻。人間が気づいた頃にはすでに無惨な状況になっており、手遅れな場合が多い。

もしも 〝イエシロアリ〟が人間サイズになったら……人類は住む場所を失う!?

Photo By Phototake／アフロ

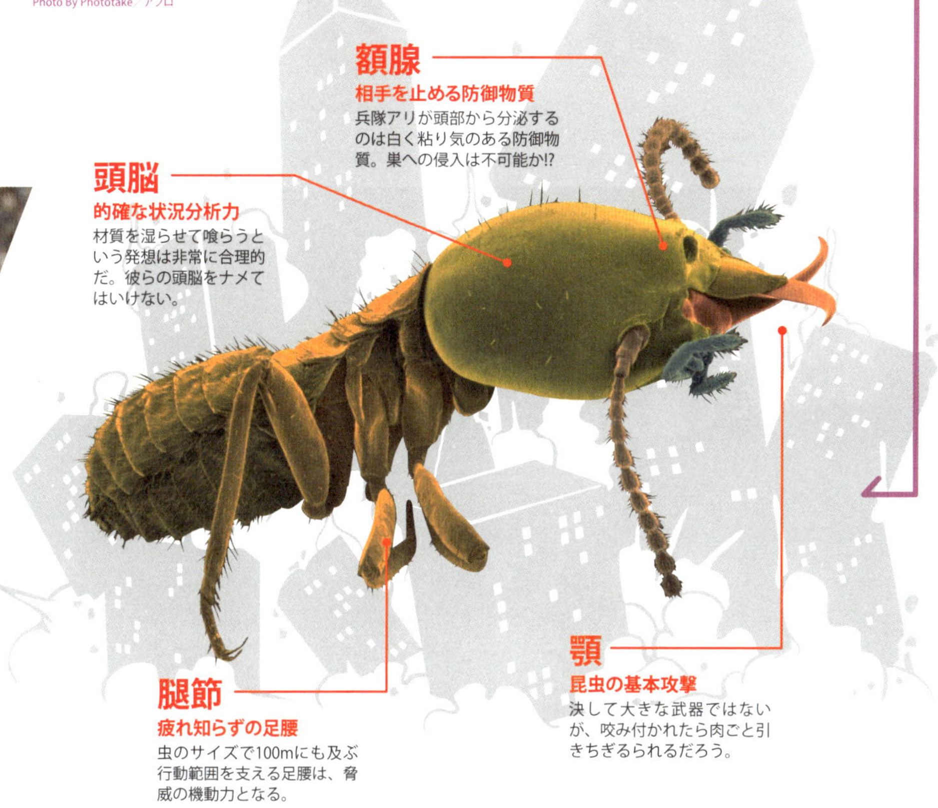
額腺
相手を止める防御物質
兵隊アリが頭部から分泌するのは白く粘り気のある防御物質。巣への侵入は不可能か!?
頭脳
的確な状況分析力
材質を湿らせて喰らうという発想は非常に合理的だ。彼らの頭脳をナメてはいけない。
顎
昆虫の基本攻撃
決して大きな武器ではないが、咬み付かれたら肉ごと引きちぎるられるだろう。
腿節
疲れ知らずの足腰
虫のサイズで100mにも及ぶ行動範囲を支える足腰は、脅威の機動力となる。

木もコンクリも、鉄材さえも意味を成さない

巨大化するまでもなく人間にとって最も厄介な敵である彼らが人間サイズになったとすれば、人類単位で対策を講じる必要がある。虫サイズの時のように着々と浸食を進めていくのではなく、巨大化した彼らは、材質や湿り気などお構いなしに家をまるごと食べ尽くすだろう。

人間に限らず、生物にとって、住み家を破壊されるほど精神的に大きなダメージはない。住む場所がなくなった途端、我々は気温や天候など様々な外的要因に対して無防備になる。そこにきて、巨大なシロアリの脅威まであるとしたら、死んだ方がマシとさえ思えるかもしれない。

ひとつのコロニーの行動範囲は30kmを超えることを考えれば、地中はもちろん、地上にも人間が暮らすことのできる大陸はなくなってしまうだろう。

規格外の剛腕モンスター

ダイオウサソリ

学名：*Pandinus imperator*
分類：節足動物門/クモ綱/サソリ目/コガネサソリ科

体長：200〜300mm
生育過程：幼虫-成虫
生息地：アフリカ大陸中西部

特徴：性質は大人しく、毒性も弱いといわれる反面、ハサミの力は非常に強い。日本のペットショップなどでも見かけることができる

比類なき巨躯と爆発的な
握力で獲物を粉々に
切り刻んで捕食!

Photo By AGE FOTOSTOCK／アフロ

生態 常識を遥かに凌ぐサソリ目の最大種

日本のペットショップなどで売られているのはせいぜい10〜15cmほどの個体だが、原産地であるアフリカ西部の野生種は、なんと最大30cmまで成長するという。まさに〝ダイオウ〟の名に相応しいキングサイズのサソリだ。

昼間は地面に掘った巣穴や、木下などで休んでいるが、夜になると外に出てきて狩りを始める。

他のサソリ同様に尾節の針からは毒液が放出されるが、毒性はそれほど強くなく、人間が刺されても多少腫れたり、痒くなるくらいで致命傷には至らない。彼らにとって毒針はあくまで自衛のための武器で、攻撃は専ら巨大な鋏で行なわれる。

やや丸みを帯びた鋏は重く、とても頑丈にできている。体が大きな分、俊敏な動きが苦手な彼らは物陰に隠れて獲物を待ち、強靭な鋏で相手を捉え、自慢のナイフで切り刻みながら優雅に食事を楽しむのだ。

もしも〝ダイオウサソリ〟が人間サイズになったら……一発で人体破壊!?

Photo By AGE FOTOSTOCK／アフロ

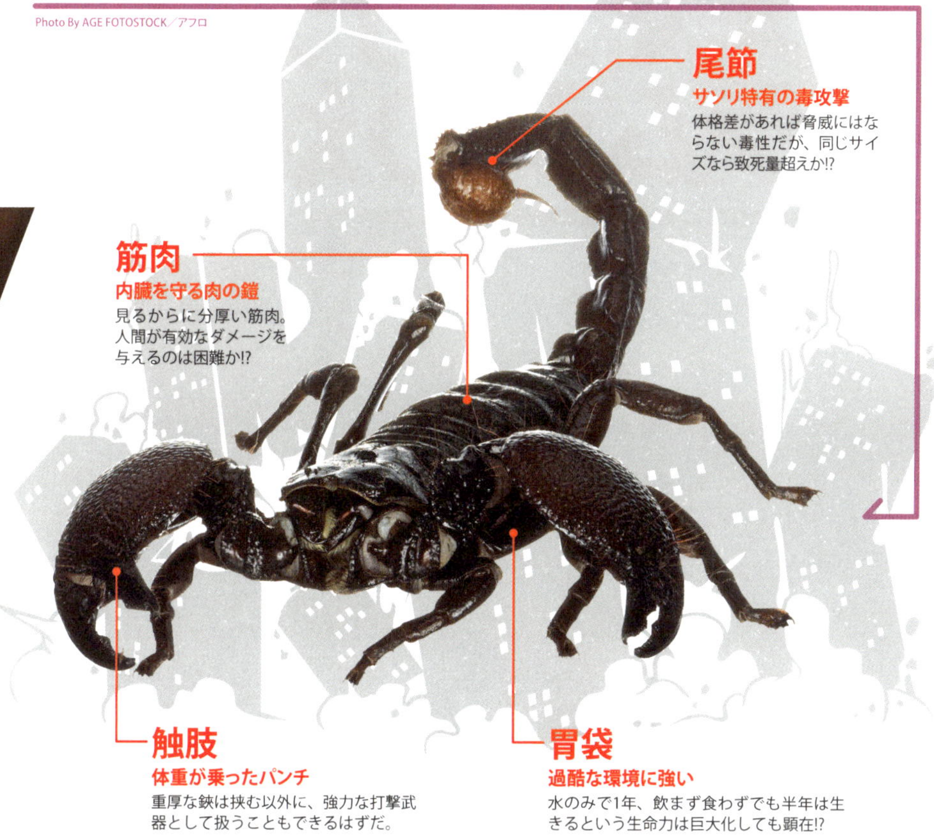
尾節
サソリ特有の毒攻撃
体格差があれば脅威にはならない毒性だが、同じサイズなら致死量超えか!?
筋肉
内臓を守る肉の鎧
見るからに分厚い筋肉。人間が有効なダメージを与えるのは困難か!?
触肢
体重が乗ったパンチ
重厚な鋏は挟む以外に、強力な打撃武器として扱うこともできるはずだ。
胃袋
過酷な環境に強い
水のみで1年、飲まず食わずでも半年は生きるという生命力は巨大化しても顕在!?

頭蓋骨をも粉砕するメガトン級の一撃

やはり特大の鋏には細心の注意を払うべきだが、注意したからといって防げる代物でないのも事実。鋏対策として硬い防具を身につけようとも、捕まってしまえば粉々に砕かれるのは目に見えているし、ハンマーのように振り降ろされでもしたら、ヘルメットをしていたとしても何の役にも立たないだろう。

足が遅いことを考慮して、持久戦に持ち込んだとしても向こうに分がある。彼らは1年間水のみで生き延びることができ、半年なら飲まず食わずでも生きていける。

狙うとすれば脱皮の直後か。頑丈な外骨格で覆われた巨体も脱皮の後は、しばらく柔らかい状態のままになる。刃物や銃器で有効なダメージを与えられるとすれば、この時だけだ。脱皮直前の食欲を失う時期を見逃さず、一気に攻め込むしかない。

衣服を主食とする小さな曲者

ヒメマルカツオブシムシの幼虫

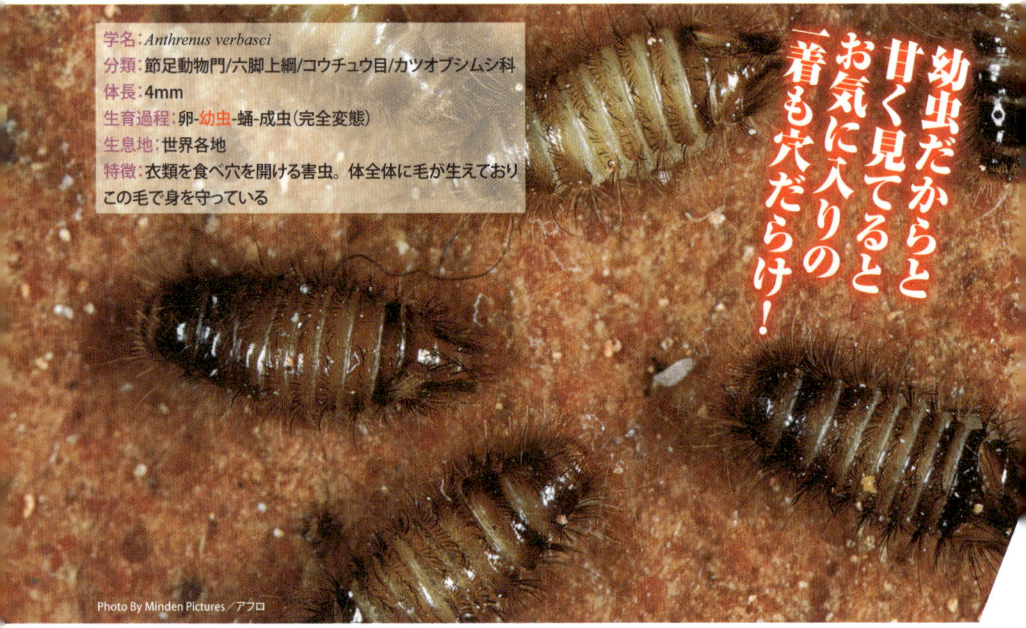

幼虫だからと
甘く見てると
お気に入りの
一着も穴だらけ！

Photo By Minden Pictures／アフロ

学名：*Anthrenus verbasci*

分類：節足動物門/六脚上綱/コウチュウ目/カツオブシムシ科

体長：4mm

生育過程：卵-幼虫-蛹-成虫（完全変態）

生息地：世界各地

特徴：衣類を食べ穴を開ける害虫。体全体に毛が生えておりこの毛で身を守っている

生態 成虫よりも幼虫の方がタチの悪い珍しい害虫

いつの間にやらタンスなどの中に忍び込んで、あたり構わず服に穴をあけていく困った虫。毛織物や絹織物、革製品などの衣類の他、鰹節などの動物性乾燥食品や穀類をよく好んで食べ、時にはインスタントラーメンの袋を破って中身を食べることもある。そのため、しばしば食料品の異物混入として問題になることもある。

このように地味ながら面倒くさい虫ではあるが、人に被害を与えるのは幼虫期のみで、成虫になると花の蜜などを吸って生活するようになるという変わった特徴を持っている。

幼虫が食べる量は1週間に自分の体重量の2 ～ 3倍。しかも幼虫期間は300 ～ 600日と長いので、放っておくと被害は際限なく広がっていく。また、骨は食べないという性質を活かして、細かすぎて人の手では作ることのできない小型生物の骨格標本作りなどに利用されることもある。

もしも〝ヒメマルカツオブシムシの幼虫〟が人間サイズになったら……服ごと丸呑み!?

Photo By ANP PHOTO／アフロ

槍状毛
忍び寄る外敵対策
尾端にある毛束は「槍状毛」と呼ばれ、触れると絡みついて動けなくなる。
体毛
触らぬ神に祟り無し!
敵から身を守るため全身が槍状毛に覆われ、一度触れると絡みつき身動きできなくなってしまう。
鋏角
人間を服ごと喰う?
ブランド品だろうが、ボロ布だろうが、コイツにすればただのエサ。
卵
巧みな後継ぎ隠し
卵は衣服の繊維の間に生みつけられることが多く、簡単には発見できない。

生活環境をズタボロにする憎き侵入者

お気に入りの服に穴を空けられるのは、確かに許せないが、彼らがもし人間サイズになったとしたら、服ごと丸呑みで、むしろキッパリと諦めがつくかもしれない。

服だけならまだしも、彼らは穀物や乾燥食品も好んで食べる。保存食などの多くは乾燥した食品なので、そこを強奪されてしまうと、まさに兵糧攻めに遭っているような状況となる。そうなった時、我々は彼らが雑食を卒業する成虫になるまで耐え忍ぶことができるだろうか。恐らくは不可能だ。300日の絶食は人間にとっては長すぎる。

食料を失った人々は飢えに喘ぎながら絶命し、次には干からびた死骸を求めて幼虫達が大挙して押し寄せて来るだろう。彼らは人間の乾燥死体を食べ尽くし、あとには彼らが苦手な骨だけが、無言のまま骨格標本のような完全な形で残されるはずだ。

決して傷つかないガードマスター

クロカタゾウムシ

学名：*Pachyrhynchus infernalis*
分類：節足動物門/昆虫綱/コウチュウ目/ゾウムシ科
体長：13mm
生育過程：卵-幼虫-蛹-成虫（完全変態）
生息地：フィリピン、日本など広範囲に生息
特徴：飛ぶことはできないが、人間が踏んでも潰れない外骨格を持つ

人間が踏んでも
潰れない絶対硬度
美しく鉄壁な
ガードの極み！
Photo By Takuro Tsukiji

生態 生き残るために翼を捨てた堅牢なサバイバー

頭部から長く伸びる吻の部分が、鼻の長い象のような姿に見えることから、その名が付けられたゾウムシ。彼らは昆虫界トップの防御力を誇る。

誰にも負けない硬度を得るために、上翅が開閉しない形に進化したとされている。これによって他の追随を許さない絶対的な防御力を手に入れたが、その代償に空を飛ぶ能力を失った。つまりは、飛び回って危機回避するより、ひたすら耐え抜く戦術を選択したのだ。結果として、彼らは昆虫の天敵と知られる鳥でさえ襲うことを諦める守備の達人となった。たとえ飲み込まれたとしても消化されずに出てくるという。

さらには、このガードマスターをしての知名度と安全性を欲した虫たちの中から、彼らの姿を真似た、いわゆる擬態種まで登場する現象が相次ぐ。こうして彼らは名実ともに防御のスペシャリストとして知られるようになったのだ。

もしも〝クロカタゾウムシ〟が人間サイズになったら……鉄壁ガードで殲滅不可能

Photo By Takuro Tsukiji

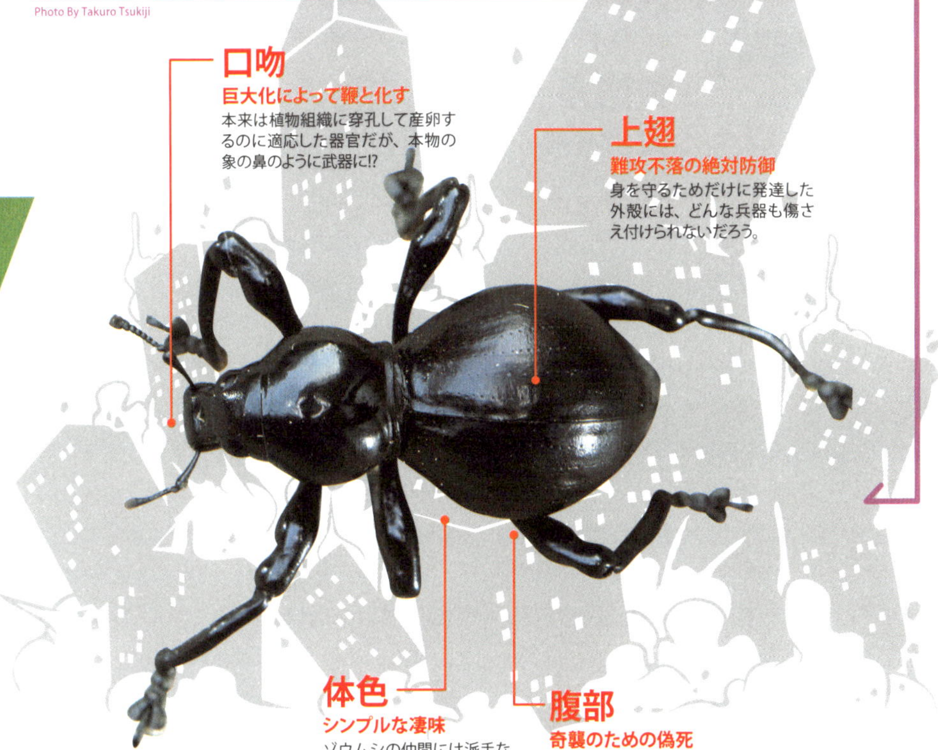
口吻
巨大化によって鞭と化す
本来は植物組織に穿孔して産卵するのに適応した器官だが、本物の象の鼻のように武器に!?
上翅
難攻不落の絶対防御
身を守るためだけに発達した外殻には、どんな兵器も傷さえ付けられないだろう。
体色
シンプルな凄味
ゾウムシの仲間には派手な模様のものが多いが、独特の黒光りは威圧感十分。
腹部
奇襲のための偽死
敵と対峙した際に腹を見せ死んだふりをすることもあるが、ここからの奇襲もある!?

闘争心と攻撃性の低さが玉に瑕!?

他の能力を封印してまで守備の専門家となったことからわかる通り、彼らは戦闘を好まない性格だといえる。もしも、彼らが獰猛な虫だったとすれば、一切の攻撃を跳ね返す防御力と相まって、昆虫界屈指の戦士となっていたことだろう。

巨大化によって性格まで変貌することはないだろうが、体のサイズと比例して硬さも増すとすれば、人間にとってはやはり他人ごとではない。

万が一、車が突っ込んだとすれば大事故になるだろうし、誤って下敷きにでもなったとすれば命は助かるまい。また、ダイヤモンド級の硬度を誇ることや、相手がおとなしいのをいいことに、黒く輝く外殻を狩ろうとする輩も出てくるかもしれない。そうすればいくら守備型の虫とはいえ、不本意な戦いが生じることになるだろう。

防虫対策
もしもの時のために知っておくべき
虫についてのエトセトラ
マメ知識
其の05

If an insect becomes the human being size……

地球温暖化が進むと虫カタストロフィーが!?

気温が上昇することで世界的に大害虫が多発生する?

温暖化の影響で感染症が世界中に拡大!?

地球温暖化への危惧が叫ばれるようになって久しい。日本には否定的な見解の科学者も多いが、温暖化は否定しようのない事実である。そして、それは人類規模のカタストロフィーを招来する可能性を含んでいるのだ。

過去1万年間で、地球表面の気温上昇は5℃だった。だが、過度な二酸化炭素排出などの人為的な要因で、今後100年間の気温上昇は1.4℃から5.8℃に達すると試算されている。この気候の大きな変化は、生態系に深刻な影響を及ぼすと考えられる。

昆虫が媒介する感染症の代表的なものに、熱帯熱マラリアがある。この超高熱を発する恐ろしい病気は、ハダマラ蚊が媒介する熱帯熱マラリア原虫に感染することで発症する。熱帯であるアフリカの高温地域などでは、現在も熱帯熱マラリアの被害が深刻だ。

さらに温暖化が進めば、マラリアの流行の中心は亜熱帯や温帯へとシフトしていく可能性がある。また、黄病熱、西ナイル熱、デング熱など、蚊が媒介する感染症の危険が北方へ拡大する危険性があるのだ。昆虫たちが、環境の変化に伴って移動する可能性は十分に考えられる。そして、それは病原菌や害虫が移動することでもあるのだ。

近年行なわれた福井県水月湖の調査では、湖底の年嵩堆積物から、氷河期終わりの寒冷期から温暖期への移行期には、大洪水などのカタストロフィーといった大規模な災害を伴うことが判明している。ここ数年発生している異常な降雨や台風は、まさしくその前兆かもしれないのだ。

昆虫の種がひとつ滅んだだけで、生態系は決定的に変化してしまう。環境の変化に敏感な昆虫の反応は、温暖化に対する警鐘なのである。

◎ウイルス病を伝染させるアブラムシの大量発生も、温暖化との関連が指摘されている。

◎94年の猛暑以来、南方性の世界的な大害虫・オオタバコガ多発生が各地で報告されている。

刺殺
5章
If an insect becomes the human being size
罠猟

- パラポネラ
- ジガバチ
- ヒラタグモ
- アリジゴク
- アカカミアリ
- ミズカマキリ
- オオジョロウグモ
- オオカレエダカマキリ

その一刺しは
焼けるような痛みをもたらす！
パラポネラ
漆黒の弾丸

首が、腕が、脚が……! 兇行現場にはバラバラの人の四肢!!

強力な顎と毒針で、人を襲って餌食とする。その顎にかかれば人間の身体などあっけなくバラバラにされ、毒針で一瞬にして命を奪われるだろう。

最強の蟻にして最強の昆虫

パラポネラ ［サシハリアリ］

学名：*Paraponera clavata*
分類：節足動物門/六脚上綱/ハチ目/アリ科
体長：18～30mm
生育過程：卵-幼虫-蛹-成虫（完全変態）
生息地：ニカラグアからパラグアイまでの湿潤な低地多雨林
特徴：単独で狩りをする大型のアリ。大きな顎に加え、胴部の先には毒の針がある

刺されると24時間
激痛が持続！
弾丸アリとも呼ばれる
屈強な戦士

Photo By Alamy／アフロ

生態 あのグンタイアリすらも道をあける!? 最強の蟻王

和名をサシハリアリとするパラポネラの特徴は、腹部（尾端）の刺針《さしはり》だ。強い毒性を持ち、痛みはいかなるハチに刺されてもこれ以上ないほどの激痛といわれる。その焼けるような痛みから、"Bullet Ant"（弾丸アリ）の異名を持つ。さらに、人によっては24時間痛みに苦しむこともあり、現地では"Hormiga Veinticuatro"（24時間のアリ）とも呼ばれる。

発達した顎もパラポネラの特徴だ。はじめに、この強力な顎で獲物に襲いかかり、その直前には金切り声をあげるとされる。そして、毒針をもって獲物を仕留めると、顎で挟み込んで巣へと運び込むのだ。

身体は赤黒く、性格は攻撃的。アリ特有のカーストによる多型を示さず、単独行動で、根元に巣作りした樹木へ登って小型節足動物や樹液を摂食する。

ひとつの巣には、数百から千匹のサシハリアリが属していて集団を形成している。

もしも〝パラポネラ〟が人間サイズになったら……生存率0%!?

Photo By Alamy／アフロ

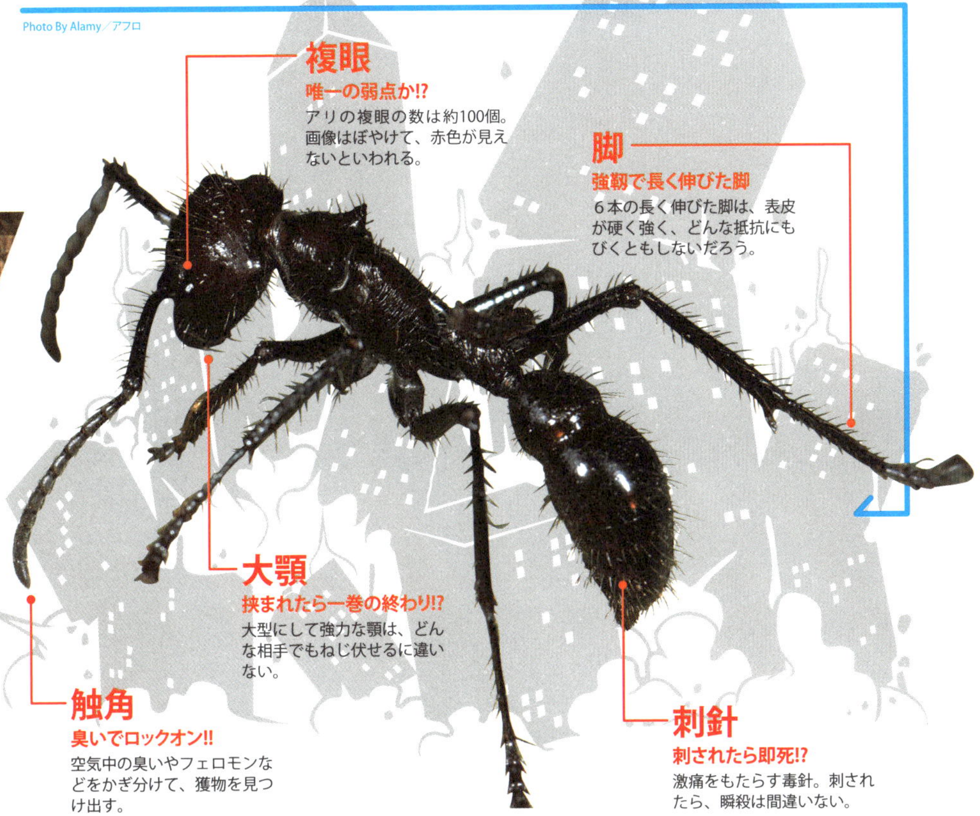
複眼
唯一の弱点か!?
アリの複眼の数は約100個。画像はぼやけて、赤色が見えないといわれる。
脚
強靭で長く伸びた脚
６本の長く伸びた脚は、表皮が硬く強く、どんな抵抗にもびくともしないだろう。
大顎
挟まれたら一巻の終わり!?
大型にして強力な顎は、どんな相手でもねじ伏せるに違いない。
触角
臭いでロックオン!!
空気中の臭いやフェロモンなどをかぎ分けて、獲物を見つけ出す。
刺針
刺されたら即死!?
激痛をもたらす毒針。刺されたら、瞬殺は間違いない。

強力な顎に猛毒の刺針！ いつ逃げるの？ 今でしょ!!

パラポネラに遭遇したら戦おうと思うな！とにかく逃げろ!!　隠れても無駄だ。鋭い触角で汗の臭いを嗅ぎ付け、すぐに発見されてしまう。不幸にも戦わなくてはならなくなったら、強力な顎には要注意だ。これに挟まれたら、頭や胴であれば砕けるほどに締め付けられ、腕や脚であればあっさりと切断されてしまうに違いない。さらに、刺針の猛毒。本来のサイズでも強烈な痛みなのだから、巨大化したら、痛みと毒が一瞬にして全身を駆け巡り、ほぼ即死。あるいは、針に刺し貫かれただけで、ショックで死んでしまうかもしれない。パラポネラは、まさに〝弾丸〟なのである。

唯一、勝つチャンスがあるとすれば、単独行動の習性を利用して複数での同時攻撃をかけることである。グンタイアリのごとき群れで挑めば一匹くらいは倒せるかも!?

巣穴へと連れ込み
ハチへと変身させる!?
ジガバチ
恐怖の寄生蟲

生きながらに捕食される!
巣穴で迎える恐怖の運命

巣穴に封じ込められた人間は幼虫のエサとなって生きたまま喰い尽くされる。毒針に麻痺した身体は抵抗もできず、ただ死の瞬間を待つしかない。

捕食寄生類の黒魔術師

ジガバチ

学名：*Ammophila sabulosa infesta*
分類：節足動物門/昆虫綱/ハチ目/ジガバチ科
体長：20mm
生育過程：卵-幼虫-蛹-成虫（完全変態）
生息地：日本をはじめ、中国北部、朝鮮半島
特徴：卵を産む獲物に毒を注入し、体を麻痺させて行動不能にさせる

生かさず殺さず
餌食とする
毒針で身体能力を
奪う最凶の麻酔師！
Photo By ふなせひろとし／アフロ

生態 幼虫を守る完璧な子育て

外敵に狙われやすい幼虫をいかに守り育てるか、その方法は昆虫によって様々だが、ジガバチのそれは非常にユニークだ。

まず地面に巣穴を掘ると、宿主とする蛾やキリギリスなどの幼虫を見つけ、運び込んで卵を産み付ける。この時、宿主は腹部の毒針で身体の機能を麻痺させるだけで決して殺さない。なぜなら、腐らせず孵化した幼虫のエサとさせるためである。そして、この幼虫もまた、宿主が腐敗しないよう生命維持に支障のない部分から食べていく。宿主を食べ尽くし巣穴ほどに育った幼虫は、繭を作って蛹となり、10日ほどで無事成虫となって巣穴を出ていく。

ジガバチの名は巣穴を閉じる時に立てる羽音が「似《じ》我《が》似《じ》我《が》（我に似よ）」と聞こえたためといわれているが、蛾やキリギリスの幼虫を埋めた巣穴から、ハチが出てきたのを見て、かつての人々はさぞ驚いたに違いない。

もしも 〝ジガバチ〟が人間サイズになったら……体内から喰い破られる!?

Photo By 香田ひろし／アフロ

翅
低空飛行に適した四枚羽
地面すれすれに低く飛び、逃げる者に迫って捕獲する。
複眼
動体視力に優れた数千の眼
複眼のハチにとって、人間の動きなど眠くなるほど遅く映っているに違いない。
刺針
身体機能を麻痺させる毒針
殺傷能力はないが、一刺しで動きを麻痺させることができるだろう。
脚
アリのごとく器用に動く脚
巣穴を掘り宿主を運ぶ６本の脚は、人間をも巧みに捕らえ巣穴へ運び去るに違いない。

生きたエサとなり最期まで死ねない恐怖!

ジガバチに襲われたら、身の毛もよだつ最期を覚悟しなくてはならない。毒針に麻痺した身体は、意識だけを残したままジガバチの幼虫のエサとなるのだから。

「似我似我」……呪文のような、ジガバチの羽音を聞いたのはいつのことだったか。孵化した幼虫が、皮膚を破って肉を喰いちぎる。全身を貫く痛みに声にならない悲鳴を上げ、幼虫を振り払わんとするが身体はいうことをきかない。唯一できることは、「早く死なせてくれ」と願うことだけだ。己の身体がわずかな肉片となり、狭い巣穴が幼虫の身体でいっぱいになるにつれ、意識が薄れ、自己と幼虫との境がぼやけはじめる。そして、最後に残ったわずかな意識が喰い尽くされる。「似我似我」……羽音を唸らせ巣穴から飛び立つのは、ジガバチに乗っ取られた人間かもしれない。

スパイダーシルクの名手 ヒラタグモ

腹部の斑紋は死の紋章!? 今そこにある"罠"

家屋に住み着き巣を張るヒラタグモに被害者が続出!!

裏庭や路地に仕掛けられたクモの巣に、被害者が続出するのは間違いない。ゴミや木の葉でカモフラージュされているので、死の罠から逃れるのは不可能だ。

罠を張る昆虫の代表

ヒラタグモ

学名：*Uroctea compactilis*
分類：節足動物門/クモ綱/クモ目/ヒラタグモ科
体長：8〜10mm
生育過程：卵-幼体-成虫
生息地：日本全域
特徴：名の通り偏平なクモで、人家の壁に巣を作る身近な虫である

白と黒の腹部の斑紋は
餌食だけに見せる死の紋章!

生態 巧妙に作り込まれた巣の秘密

その名が示すとおり偏平な身体を持ち、体長は8～10mm。腹部に見られる、白地に黒く染め抜いたような斑紋が特徴だ。古い家屋や岩陰などに住み着くので、誰でも一度は天井や壁などに、その巣を見たことがあるだろう。

巣の形はほぼ円形で、輪郭にはいくつもの突起があって荒い歯車型ともいわれる。突起からは壁や天井へ向けて放射状に糸が伸び、これを受信糸と呼ぶ。アリやチョウ、蛾などの獲物がこの受信糸に触れると、振動が巣の中心部に伝わって、ヒラタグモは獲物の接近を感知する。

巣の中心部は出入りしやすいよう２枚の膜を重ね合わせて作られていて、獲物を察知したヒラタグモはここから出てきて、獲物の周りをグルグルと回りながら腹部の尾端から出した糸をかけ、動きを封じ込めて、獲物に咬み付いて巣の中心部へと運び込み、食事を行なう。

もしも 〝ヒラタグモ〟が人間サイズになったら……巣だけには引っかかるな！

Photo By Takuro Tsukiji

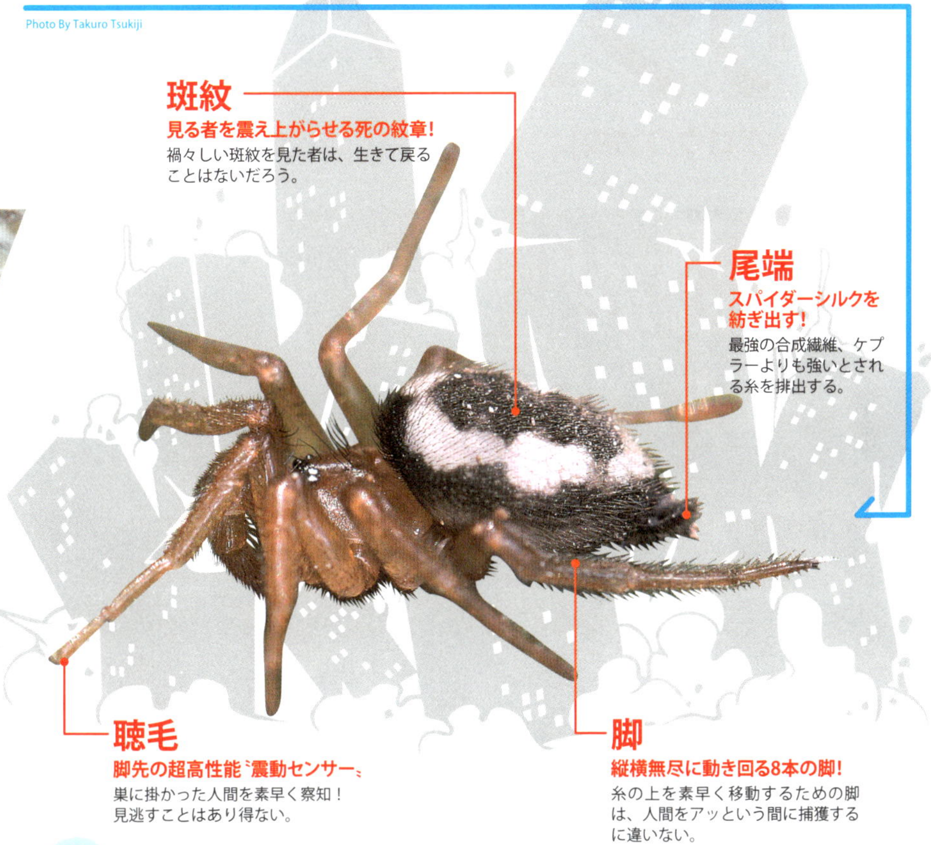
斑紋
見る者を震え上がらせる死の紋章！
禍々しい斑紋を見た者は、生きて戻ることはないだろう。
尾端
スパイダーシルクを紡ぎ出す！
最強の合成繊維、ケブラーよりも強いとされる糸を排出する。
聴毛
脚先の超高性能〝震動センサー〟
巣に掛かった人間を素早く察知！見逃すことはあり得ない。
脚
縦横無尽に動き回る8本の脚！
糸の上を素早く移動するための脚は、人間をアッという間に捕獲するに違いない。

もがけばもがくほどに死を引き寄せる罠！

最近では環境整備や街の美化が進み、クモの巣を見ることも少なくなったが、それでもうっかり引っ掛かって顔をしかめたことはあるはずだ。しかし、これが巨大化したクモの巣だったら、事は〝しかめ面〟では済まないだろう。

粘着性を持つクモの糸はもがけばもがくほど手足に絡みつき、この振動を察知してヒラタグモは待ってましたとばかりに巣から飛び出してくる。尾端《おたん》から糸を引き出し、クルクルと回りながら、罠にかかった人間をがんじがらめに縛り上げていく。もはや勝ち目はない。まるで髑髏を模したような腹部の黒い斑紋が目の前に迫り、トドメを刺すべく歯を立てる。身体に巻き付いた白い糸が鮮血に染まる。

死顔は〝しかめ面〟など及びも付かない苦悶の表情を浮かべているに違いない。

砂の魔術師

アリジゴク

[ウスバカゲロウの幼虫]

学名：*Baliga micans*
分類：節足動物門/昆虫綱/アミメカゲロウ目/ウスバカゲロウ科
体長：10～25mm
生育過程：卵-幼虫-蛹-成虫（完全変態）
生息地：日本全域
特徴：雨風を防げるさらさらした砂地に巣を作り、落ちてきた昆虫を大顎で捕らえて体液を吸う

顎で獲物を捕らえ猛毒を注入!
待ち伏せ型捕食者
Photo By Ardea／アフロ

生態 アリやダンゴムシを補食する最強の幼虫

インパクトある「アリジゴク」の名は、アミメカゲロウ目ウスバカゲロウ科の一部の幼虫の通称。体長は3mmから20mmまでに成長する。発達した大顎で砂地にすり鉢状の巣を掘り、中心部でアリやダンゴムシの獲物を待ち伏せする。獲物が巣に迷い込むと、大顎で砂を浴びせかけ中心部へと落とし込む。

大顎は毒性のある液を注入する機能を持ち、挟み込んだ獲物の動きを毒液によって封じ込め、体液を吸汁する。抜け殻のようになった獲物は、大顎によって巣の外へと放り出される。

幼虫初齢期を除いて前進することができず、後ろにしか進めない。また、肛門を閉ざして糞をせず、成虫になる羽化時にまとめて糞をするといわれる。

短命で知られる「カゲロウ」は幼虫期を水中で生息し草食で、名前は似ているが「アリジゴク」とは別の昆虫群である。

もしも〝アリジゴク〟が人間サイズになったら……巣穴からの脱出は不可能!

Photo By Alamy／アフロ

すり鉢状の巣
生還不能の地獄の深淵!
崩れやすく、登りにくい斜面。計算し尽くされた巣穴からの脱出は不可能だ!
大顎
地獄の万能ツール
巣穴を作り、獲物を挟み込んで毒を注入! 人間を奈落に堕とす最強兵器。
感覚毛
体中に生える高性能センサー!
砂の微妙な震動を感じ取って、脱出のチャンスを与えない。
毒液
体内組織を分解する猛毒!
フグの130倍ともいわれる毒性に、瞬殺は間違いない。

地獄の深淵で待ち受ける巨大な顎!

巨大化したアリジゴクの巣は、人間にとって絶望的な砂の壁に映るだろう。傾斜角度は約38度。体力に自信のある男でも、簡単に登り切れる角度ではない。さらに、そこは柔らかく滑りやすい砂なのだ。足を取られる上に、砂崩を起こすためにアリジゴクが砂を浴びせかけてくる。焦れば焦るほど、意に反して大顎が待ち受ける中心部へと滑り落ちていく。そして、絶望がマックスに達した時、角のような大顎が身体を刺し貫き、砂の中へと引きずり込む。毒液が流れ込み体内組織を分解し、絶望すらもアリジゴクに吸い上げられてしまう。

最後に残ったのは、すべての体液を吸汁され骨と皮になった人間の姿。しかし、それすらもアリジゴクの大顎によって、すり鉢状の巣の外へと投げ出されてしまうというあまりにも無残な結末を迎えるのだ。

特定外来生物第一次指定

アカカミアリ

学名：*Solenopsis geminata*
分類：節足動物門/昆虫綱/ハチ目/アリ科
体長：3〜5mm

生育過程：卵-幼虫-蛹-成虫（完全変態）
生息地：日本では小笠原諸島の硫黄島、沖縄島・伊江島の在日米軍施設周辺

特徴：毒を持ち、巣に刺激を与えると、防衛のため集団で咬み付く

日本では輸入が規制された
生態系の破壊者!

Photo By Picture alliance／アフロ

生態 輸送物資とともに世界進出を果たした昆虫

攻撃性が強く、自身や巣に危険が迫ると集団で相手に咬み付き、腹部の針で刺す。毒性は低いものの、痛みは激しく一週間以上腫れが引かないこともある。1996年には、刺咬《しこう》された沖縄の在日米軍兵士がアナフィラキシーショックを起こしている。

米国南部から中南米に生息していたが、世界規模の貿易活動により輸送物資などに紛れ込んで、世界中へ分布域を拡大した。日本では、沖縄本島米軍基地周辺、伊江島レーダー基地、硫黄島で生息が確認されており、在日米軍の輸送物資が進入原因と考えられている。

在来アリの駆逐、人への刺咬、農業被害などの問題を鑑み、日本では2005年に輸入や飼育を規制する外来生物法によって、特定外来生物の第一次指定となった。その直後、博多港に入った貨物船のコンテナから発見され、大きくニュースで報じられた。また集団で繋がり、水に浮くこともできる。

もしも もしも〝アカカミアリ〟が人間サイズになったら……群れに咬み殺される!?

Photo By Picture alliance／アフロ　※注：写真は女王アリ

大顎
四つの歯を持つ大顎が襲いかかる!
火が付いたような痛みにショック死が続出か!?
チームワーク
巣の危機には全員で攻撃!
巣が危険にさらされると集団で攻撃。こうなれば人間などひとたまりもない。
腹部
燃え上がるような身体で威嚇!
全身真っ赤な姿を見たら、生命の注意信号だ！
刺針
腹部の針も危険!
強烈な痛みが、急激なアレルギー反応を引き起こし死に至る可能性も否めない。

群がる大量のアリの前に救出は絶対不可能!

その真っ赤な身体から名付けられたのか、刺咬《しこう》時の火の点いたような痛みからなのか、アカカミアリは欧米では"Fire Ant"と呼ばれ、和名を「火蟻《ひあり》」という。

そんな攻撃的な名を持つアリが、集団で襲ってくるのだ。1匹、2匹、3匹……みるみるうちに数が増え、振り払っても全身に取り付いて膨れあがる。刺針が貫き、大顎が歯を立てる。絶え間ない鋭い痛みが繰り返され、パニック状態に陥るのは間違いない。さらに、人によってはアナフィラキシーショックを引き起こす可能性もある。そうなったら、毒性の低いアカカミアリの刺針でも生命の危機だ。一刻も早く処置しなくてはならないが、迂闊に助けに入れば自分も巻き込まれかねない。こうして躊躇する間に、我々人間は仲間のひとりをむざむざと見殺しにしてしまうだろう。

潜水能力を持ったカマキリ!?

ミズカマキリ

学名:*Ranatra chinensis*
分類:節足動物門/昆虫綱/カメムシ目/タイコウチ科
体長:40〜50mm
生育過程:卵-幼虫-成虫
生息地:日本全域、台湾、朝鮮半島、シベリア、中国から東南アジア広域
特徴:名前の通りカマキリに似ているがまったく別の種類。肉食性

呼吸管で潜水時間は無限大!
空中移動も可能な水生昆虫
Photo By Takuro Tsukiji

生態 水草に潜み体液を啜る無敵の昆虫

ミズカマキリはカマキリによく似た姿をしているが、水田や池沼の水中に住む、カメムシ目タイコウチ科に分類される水生昆虫である。尾端《おたん》に体長ほどの長さの呼吸管を2本持ち、オタマジャクシ、メダカ、アメンボといった獲物を水草などに身を隠して待つ。カマキリ同様、鎌状の前脚先端で獲物を捕らえると、口吻から消化液を送り込んで溶けた体液を吸い上げる。体外消化と呼ばれるこの消化には時間がかかり、大きな獲物になると15時間以上にもなるという。餌食となったものは、干からびたような姿となって打ち捨てられる。

飛行能力も持ち、陸に上がって身体を乾かすと、水中では閉じていた羽を広げて水場を移動する。同じ水生昆虫のタガメやコオイムシは、水質汚染に弱いため個体数が激減しているが、ミズカマキリはいまだに生き残っている。だが実際は、ミズカマキリも減少傾向にあるともいわれる。

もしも もしも〝ミズカマキリ〟が人間サイズになったら……水辺は危険地帯と化す!?

Photo By Takuro Tsukiji

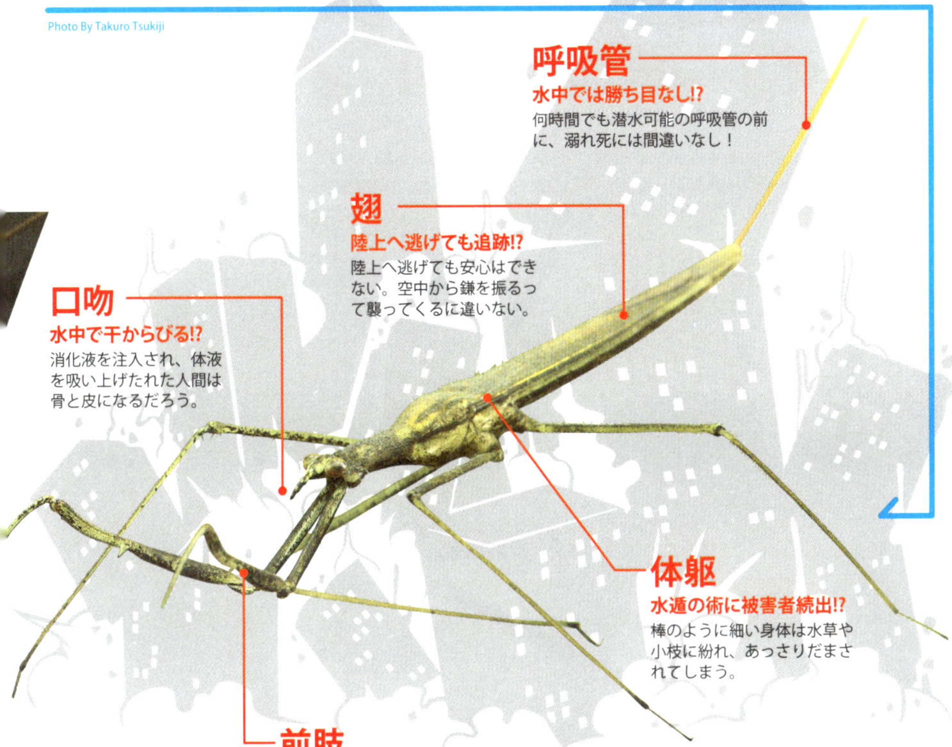
呼吸管
水中では勝ち目なし!?
何時間でも潜水可能の呼吸管の前に、溺れ死には間違いなし！
翅
陸上へ逃げても追跡!?
陸上へ逃げても安心はできない。空中から鎌を振るって襲ってくるに違いない。
口吻
水中で干からびる!?
消化液を注入され、体液を吸い上げたれた人間は骨と皮になるだろう。
体躯
水遁の術に被害者続出!?
棒のように細い身体は水草や小枝に紛れ、あっさりだまされてしまう。
前肢
獲物に閃き、ガッチリと押さえ込む鎌
カマキリ同様の鎌は前腿節の歯状突起と重なって、人間を掴んで放さない。

骨と皮の変死体が夏の風物詩に……!

ミズカマキリが強大化したら、湖畔のキャンプには注意が必要だ。開放的な気分になって、湖へ……！　だが、飛び込んだ先には彼らが息を潜めて待っている。枝切れのような細い身体だから、こちらが気付く間もなく、長く伸びた前肢と先端の鎌で一気に襲いかかってくる。ガッチリと締め付けられ、逃げ出すことは不可能だ。もがくうちに息が切れ、呼吸が苦しくなってくる。水中では、呼吸管を持つミズカマキリにかないっこない。あっさり、ここで溺死するかもしれない。何とか持ちこたえたとしても、口吻から溶解液を送り込まれ、体内組織を吸い上げられる。そして最後には潰れたソフビ人形のようになるだろう。

ミズカマキリが巨大化したら、湖畔に打ち上げられる骨と皮の変死体が夏の風物詩になるに違いない。

鳥までも餌食にする日本最大のクモ

オオジョロウグモ

学名：*Nephila pilipes*
分類：節足動物門/クモ綱/クモ目/ジョロウグモ科
体長：50mm（脚を含めると200mm）
生育過程：卵-幼虫-成虫
生息地：沖縄から奄美大島
特徴：日本最大のクモ。巣の大きさは2mにもなり、稀に鳥も捕食する

メスの体長はオスの
5倍! 網に何匹もの
オスを従える女丈夫
Photo By Takuro Tsukiji

生態 多夫一妻制のジョロウグモの世界

沖縄から奄美大島に生息する、日本最大のクモ。腹部の黒地に黄色の色彩斑紋を持ち、体長5㎝、脚を含めれば20㎝にもなる。直径2mにも及ぶ複雑な円網を張り、セミやスズメバチなどの昆虫のみならず、メジロやコウモリ、ヘビまでも捕らえる。獲物が網にかかると、附属肢の鋏角を刺して毒を注入し、動きを封じ込めてから糸で絡め取り網の中央部から吊り下げる。これを、数日に分けて捕食する。

メスに比べてオスの体長は小さく、オレンジ色で1㎝ほどにしか成長しない。成体になると網を張らずに、メスの網に付随して生活する。一匹のメスの網には数匹のオスが付随するのが普通で、これをメスが養っているといってもいいだろう。

複雑な網を張るが獲物がかからないと、すぐに移動して新たな網を張る。その一方で、獲物のかかる場所には何度も網を張り替えながら定住することが知られる。

もしも もしも〝オオジョロウグモ〟が人間サイズになったら……残酷に喰い散らかされる!?

Photo By Takuro Tsukiji

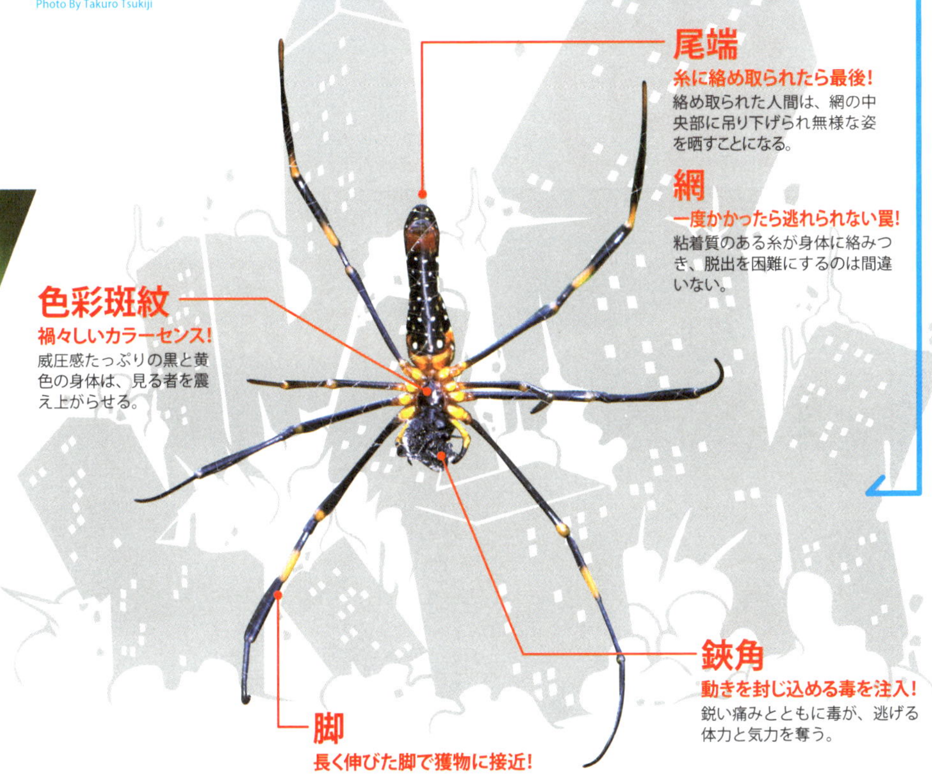
尾端
糸に絡め取られたら最後!
絡め取られた人間は、網の中央部に吊り下げられ無様な姿を晒すことになる。
網
一度かかったら逃れられない罠!
粘着質のある糸が身体に絡みつき、脱出を困難にするのは間違いない。
色彩斑紋
禍々しいカラーセンス!
威圧感たっぷりの黒と黄色の身体は、見る者を震え上がらせる。
鋏角
動きを封じ込める毒を注入!
鋭い痛みとともに毒が、逃げる体力と気力を奪う。
脚
長く伸びた脚で獲物に接近!
長いだけでなく強靭に発達した脚は、網の上を滑るように移動する。

「ジョロウ」の餌食ならそれもいい!?

巨大な網の真ん中に、長い脚を広げるオオジョロウグモ。こんなヤツには、元のままでも出遭いたくないものだが……。

「ジョロウ」といっても人間のそれとは違って優しく尽くしてくれるはずもなく、むしろメスの本能が剥き出しとなって、容赦なく咬み付き、毒で身体の自由を奪って縛り上げてくる。M男ならギンギンのシチュエーションかもしれないが、命が懸かっていてはそれどころではない。必死の脱出にも、伸縮性を持つ糸が身体に食い込むばかり。あっさり捕獲され、干し肉のごとく網から吊り下げられることだろう。

中には、「ジョロウにだったら、喰われてもいい!」という奇特な方もいるかもしれないが、網には居候するオスもいるので、そいつらのエサにもなると思うと、つまらぬことを考えない方が身のためである。

擬態昆虫のチャンピオン

オオカレエダカマキリ

学名：*Paratoxodera cornicollis*
分類：節足動物門/昆虫綱/カマキリ目/カマキリ科
体長：150～200mm
生育過程：卵-幼虫-成虫
生息地：マレーシアなどの東南アジア
特徴：ドラゴンマンティスとも呼ばれる世界最大のカマキリ。枯れ枝のように細長い体を持つ

完全なる擬態と鋭い鎌で
獲物に襲いかかる
最強最大のカマキリ!
Photo By ネイチャー・プロダクション

生態 異形の美をまとった巨大カマキリ!

東南アジアに生息し、体長は18cmにもなる。茶色で細長く、部分部分に葉のような緑の鱗を持った姿は、まさに〝枯れ枝〟。稀少昆虫として人気があり探し求める者は多いが、運良く遭遇したとしてもその存在に気付くことはないのではないか。しかし、いったんその姿を目にすれば、木の皮をまとったような身体、そこから伸びた小枝のような脚、そしてその大きさに、誰もが目を奪われることは間違いない。美しさすら漂う、究極の擬態。自然界の神秘を感じざるを得ない。いかなる進化を遂げたのか、大いに興味が湧くところだ。

食性は肉食性で、獲物を狙う時は長く伸びた身体を中脚と後ろ脚で支え、前脚を揃えて胸に付けた姿勢を取る。ここから付いた異名が、「ドラゴン・マンティス」。擬態を凝らして獲物を待ち構え、一瞬にして捕らえる姿は、発見者に龍のごとく映ったに違いない。

もしも もしも〝オオカレエダカマキリ〟が人間サイズになったら……森には絶対に近づくな!

Photo By 海野和男／ネイチャー・プロダクション

身体
巨大化したら手がつけられない!
攻撃的な性格に火が付いたら、もう人間には抗う術はない!
大顎
頭部を咬み砕き、即死者続出!?
器用に動く首と強力な顎で、粉々になるまで喰い尽くされるだろう。
擬態
巨大化したら大木!?
誰もが騙され近づいて、自ら餌食になることは間違いないだろう。
前脚
静から動! 攻撃は一瞬!!
完璧な擬態からの素早い攻撃に、逃げるスキはまったくない!
複眼
視野360度、数万個の眼が獲物をロックオン!
三角形の頭を持ち、死角はない! 狙われたら最後だ!!

南国リゾートは人間の狩り場となる!?

オオカレエダカマキリが巨大化したら、南国リゾートは地獄の楽園へと一変するに違いない。緑繁る森のあちこちに、ヤツらが擬態を凝らして待ち構えているからだ。立派な大木かと見上げているツアー客を、それまでジッと息を潜めていたヤツが、鎌状の前脚を一閃させて高々と引きずり上げる。それをきっかけに、何匹ものオオカレエダが一斉に人々を襲いはじめる。悲鳴を上げ逃げ惑っても、抵抗しても、人間に生き延びる術はない。力強く長い脚で追い詰め、次々と狩っていく。阿鼻叫喚、まさに地獄がごとき惨状。捕らえられた者はヤツの強力な顎で頭から喰い潰され、鮮血を滴らせながら大木から吊り下がるに違いない。まるで、大木に人間という実がなっているかのように。そして、身体のすべてを喰い尽くされ、衣服すらも血とともに流れ去った頃、再び陽気な南国ツアー客がやってくるのだ。ヤツらの餌食となるために。

防虫対策
もしもの時のために知っておくべき
虫についてのエトセトラ
マメ知識
其の06

If an insect becomes the human being size……

特殊能力を見習う! バイオミミクリー革命

搾取ではなく学習する! 虫力を活かした最先端の技術とは?

あの「害虫」が〝がん治療〟に大活躍する日が来る!?

古来より農耕を営んできた人類にとって、害虫駆除は至上命題だった。しかし、それが昆虫に対する偏見や搾取を招いたのは周知の事実だ。

だが、昆虫たちの4億年にわたる進化は、厳しい自然を生き抜くための試行錯誤の歴史なのだ。彼らの創出した構造や機能は、学ぶべきお手本でもある――。こうした発想から生まれたのが、自然界から「搾取」するのではなく、「学ぶ」ことを重視する「バイオミミクリー(※バイオ=生物、ミミック=真似る、が語源)」だ。

例えば、新幹線の500系の車両にも、バイオミミクリーは活かされている。新幹線は高速で走行するため、トンネルに入ると車体が揺れ、出口付近で大きな騒音が発生してしまう。これを軽減するために導入されたのが、カワセミのくちばしだった。カワセミはエサを捕る際に高速で水中に飛び込むが、水しぶきは非常に小さい。それを真似て、500系の先頭車両の先端をカワセミのくちばしのように細くしたのである。

これを昆虫に応用したのが、「エントモミメティックサイエンス」だ。昆虫の構造と機能を産業や生活に役立てようという発想であり、最先端医療の現場にも活かされているのだ。

ヤママユという日本原産の蛾の仲間がいる。ヤママユは、卵の中で幼虫になり、孵化直前まで8ヶ月間も眠り続ける。驚くべきことに、この休眠を促す休眠維持物質であるアミノ酸が、ラットの肝ガン細胞を死滅させるのではなく、一時的に眠らせてしまうことが判明したのである。ガン細胞を休眠させるという斬新な発想は、抗ガン治療に新たな展開をもたらす可能性があるだろう。

「搾取」ではなく、自然の叡智に「学ぶ」こと。「駆除」でなく、「共存」することが、今後の人類の至上命題なのかもしれない。

◎暑いサバンナに生息するシロアリの一種は、アリ塚を自然冷却するシステムを生み出した。

◎外光の映り込みを防止する蛾の複眼の表面構造は、〝モスアイ〟と呼ばれモバイル機器などに活用される見込み。

6章 寄生 吸血

If an insect becomes the human being size

フタトゲチマダニ
蚊
ハリガネムシ
ブラジルサシガメ
ブユ
トコジラミ
ツェツェバエ
ウマノオバチ

ひたすら寄生者を待ち続け…吸血開始と同時に大暴走!!

物陰に隠れて通行人を待ち続ける。自分から攻撃をしかけることはない。しかし、粘液の付着した脚に獲物が引っかかれば、猛り狂って血を吸う。二度と離れず執拗に…。

吸血バカ一代
フタトゲチマダニ
くっついたら離れない
グロテスク吸盤野郎！

集団で待機!! 史上最強の殺人ダニ

フタトゲチマダニ

学名：*Haemophysalis longicornis*
分類：節足動物門/クモ綱/ダニ目/マダニ科
体長：3mm（吸血時約20mm）
生育過程：卵-幼虫-成虫
生息地：ロシアから東南アジア、オーストラリアにかけて広く分布。日本にも生息
特徴：最近ニュースにもなったSFTSウイルスの宿主。メスは3,000個の卵を産む

戦慄のSFTSウィルスで
人間をも殺めるダニ界の帝王!!
Photo By Takuro Tsukiji

生態 寄生＆吸血が命綱!! 個体数の多さで挑む

ロシアからニュージーランドにかけて広く分布。日本全国にも生息している。

ササ類の葉などで宿主が通るのを待ち、牛や犬、人などに寄生する。足先の爪間体《そうかんたい》には粘着性の物質が分泌されており、触れただけで簡単に付着することが可能。一度吸血が始まると唾液に含まれるセメントのような物質で固めてしまうので取るのは困難。無理矢理取ろうとすると、汚れた血液が逆流したり、皮膚内に顎の一部が刺さったままになり、大変危険である。

また近年、感染症の「重症熱性血小板減少症候群（SFTS）」を媒介して死者までも出ている。体長3㎜のダニだからといって侮ることは全くできない。

吸血前は偏平で小さいが、吸血すると体長20㎜に膨張し大型になる。メスは吸血後1ヶ月以内に産卵する。その数は3,000個に及ぶ。個体数が多いため、山道を歩く際は露出を少なくするなど注意が必要だ。

もしも 〝フタトゲチマダニ〟が人間サイズになったら……失血死は免れられない!?

Photo By Takuro Tsukiji

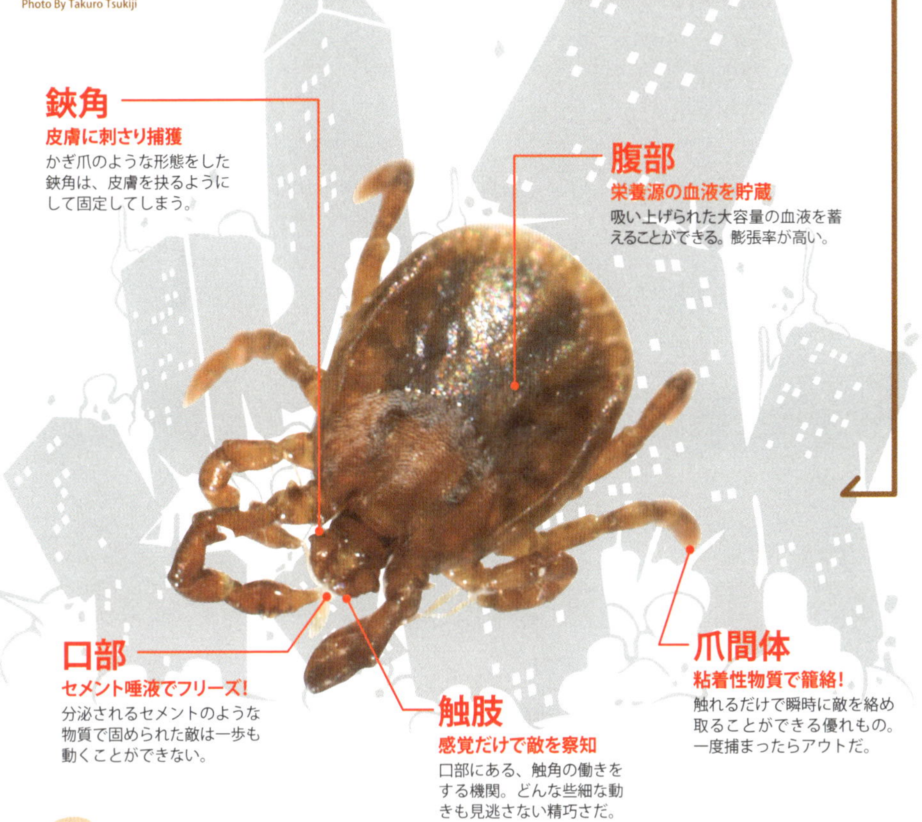
鋏角
皮膚に刺さり捕獲
かぎ爪のような形態をした鋏角は、皮膚を抉るようにして固定してしまう。
腹部
栄養源の血液を貯蔵
吸い上げられた大容量の血液を蓄えることができる。膨張率が高い。
口部
セメント唾液でフリーズ!
分泌されるセメントのような物質で固められた敵は一歩も動くことができない。
触肢
感覚だけで敵を察知
口部にある、触角の働きをする機関。どんな些細な動きも見逃さない精巧さだ。
爪間体
粘着性物質で籠絡!
触れるだけで瞬時に敵を絡め取ることができる優れもの。一度捕まったらアウトだ。

全身をダニに包囲されダニ人間になる恐怖!!

ダニの特性は目に見えないほどの「小ささ」にある。それ故人間は、血液を吸引されて初めて襲われたことに気付くのだ。

では、巨大だった場合はどうか。当然、存在に気付かないことはない。簡単に視認できる。しかし、だからといって戦闘能力が低下すると考える人はいないだろう。

歩行スピードは格段にアップするはずだ。それ故、待つだけの戦法が進化し、我々に突進してくることも考えられる。突進してきたダニは、粘着性物質で我々を籠絡し、鋏角で肉体に喰らいつくと、倍増した吸引力で多量の血液を絞り取るに違いあるまい。その隙を狙って、仲間が次々とやってくる。するといつの間にか我々は、体のあらゆるパーツをダニの集団に咬み付かれてしまうのだ。結果、失血死は免れない。吸血され、残るのは外皮と骨だけである。

欲しいのは貴様の血だけ…
一度に吸い尽くしてやろうかッ!!
メスの蚊は卵に栄養を与えるために、血液に含まれるタンパク質が必要。なので蚊が人間を襲わなくなる日は永遠に来ない。これは生存と繁栄を賭けた闘争なのだ…!!

吸血の魔女
蚊
戦争よりもヒトを殺した
世界で最も危険なオンナ！

子孫繁栄を誓う女アサシン

蚊

学名：Culicidae
分類：節足動物門/昆虫綱/ハエ目/カ科
体長：5.5mm
生育過程：卵-幼虫-蛹-成虫（完全変態）
生息地：アフリカ、南ヨーロッパ、日本など幅広く生息
特徴：メスのみが吸血を行なう。マラリアなどの伝染病の有力な媒介者でもある

マラリアや100種の
疾病で攻撃!!
年間100万人を殺す
悪夢の伝道師
Photo By Photake／アフロ

生態 吸われたら最期!? まき散らされる殺人唾液

蚊のメスは卵の栄養源に人間の血液を吸引する（オスは吸引しない）。その際、血小板の凝固作用を防ぐため唾液を注入するのだが、この唾液の中にマラリアなどの病原体が含まれていると、疾病が人間に伝播してしまうのである。その数はデング熱など約100種類に及び、中でもマラリアの発症例は全世界で5億件、年間100万人が死亡している。この数は、すべての戦争の犠牲者を合わせた数より多いといわれる。

蚊を引き付けるのは、二酸化炭素、乳酸、オクテノールといった人間の汗や息に含まれる物質だ。また、熱や湿気、暗色を好み、フランスの研究ではビールを飲む人に引き付けられるとも確認されている。

しかし、いくら予防線を張ったところで、生存のために吸血をする蚊の攻撃を完璧に防ぐことは不可能だ。キニーネなどの予防薬は存在するが、いまだマラリアのワクチンは発明されていない。

もしも 〝蚊〟が人間サイズになったら…… ひと吸いで全血液を奪われる!?

Photo By Science Faction／アフロ

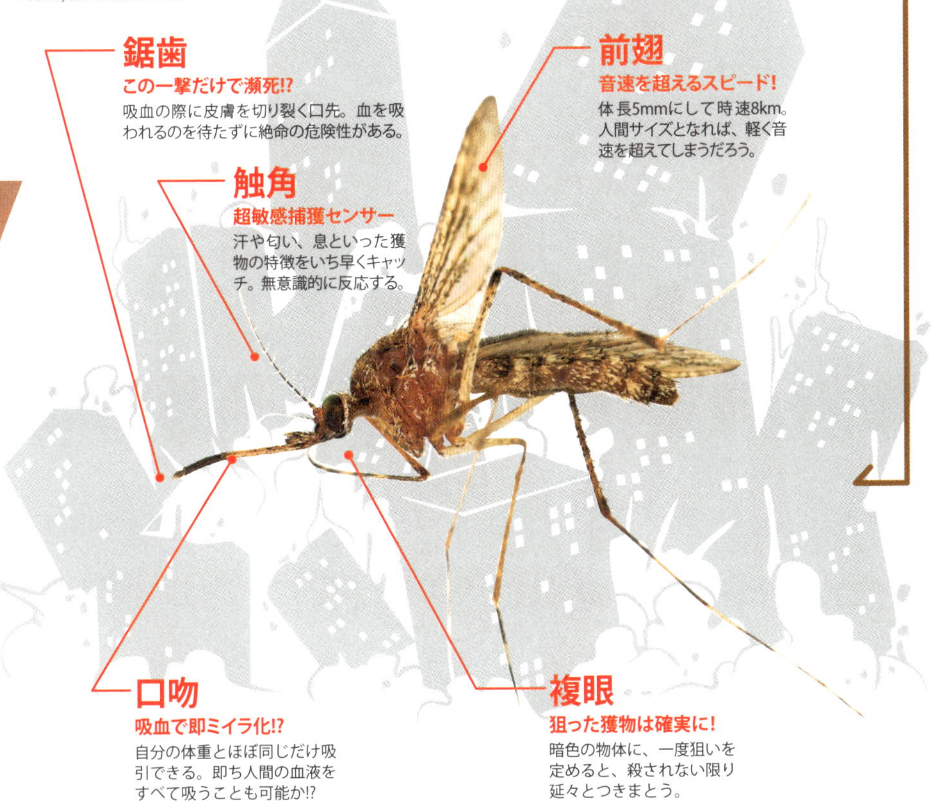
鋸歯
この一撃だけで瀕死!?
吸血の際に皮膚を切り裂く口先。血を吸われるのを待たずに絶命の危険性がある。
前翅
音速を超えるスピード!
体長5mmにして時速8km。人間サイズとなれば、軽く音速を超えてしまうだろう。
触角
超敏感捕獲センサー
汗や匂い、息といった獲物の特徴をいち早くキャッチ。無意識的に反応する。
口吻
吸血で即ミイラ化!?
自分の体重とほぼ同じだけ吸引できる。即ち人間の血液をすべて吸うことも可能か!?
複眼
狙った獲物は確実に!
暗色の物体に、一度狙いを定めると、殺されない限り延々とつきまとう。

吸われた瞬間にミイラ!? 生き残る術は…

蚊の体長は約5㎜。人間の約180分の1である。体重は約3㎎だから、単純に180倍すると、540㎎になることになる。蚊の吸血能力は自分の体重と同じであるから、人間サイズの蚊が吸うことのできる限界値も540㎎という訳だ。すなわち一瞬でミイラ化することはないので一安心。

しかし、そんな悠長なことをいっている場合じゃない。出血による致死量は60kgの人で約1600㎎といわれる。つまり、3匹の蚊に吸血されると、その瞬間に絶命である。やはり蚊は侮れない。

そもそも吸血するために刺針を突き刺されてしまったら、ショック死の可能性も否めない。逃げようにも通常で時速8㎞で飛ぶ蚊がどれほど速くなるのか。もしかしたら一回羽ばたくだけで、台風並みの強風が襲ってくる可能性もある。それが1秒間に540回も羽ばたくという。恐ろしすぎる…。

最狂の寄生獣
ハリガネムシ
五臓六腑でのたうち回り
宿主を完全コントロール!!

水辺に導き内臓を食い破る!!
戦慄の自殺誘発コントローラー

寄生した人間の行動を支配し、水辺におびき寄せると、皮膚を喰い破って脱出する。脳までコントロールされなかった人間たちは、体の自由が利かない恐怖に発狂する。

魚や人間にも寄生!! 悪夢の自殺誘発虫

ハリガネムシ

学名：*Paragordius tricuspidatus*
分類：類線形動物門/ハリガネムシ綱/ハリガネムシ目/ハリガネムシ科

体長：30〜300mm
生育過程：卵-幼虫-成虫
生息地：アフリカ、南ヨーロッパ、日本など約280種が幅広く生息

特徴：寄生生物で宿主の中で成長する。成虫になると宿主を水辺に誘導し宿主から脱出する

未知の化学物質で行動制御!! 昆虫を自殺させる影の支配者

Photo By Science Photo Library／アフロ

生態 寄生した宿主の脳まで掌握!!

ハリガネムシの幼虫は水中で孵化し、まずはボウフラやヤゴといった水生昆虫に食べられるのを待つ。それらに寄生すると、今度はより大型のバッタやカマキリなどの昆虫に宿主ごと食べられ寄生場所を変更。さらなる成長を遂げていく。

しかしここで問題が発生する。ハリガネムシが成虫後に交尾相手を見つけるのには、生まれ故郷である水中に戻る必要があるのだ。諸説あるが、そこで使用されるのが中枢神経系に影響を及ぼすとされるタンパク物質である。これにより、昆虫の脳を完全に掌握すると、水辺まで誘導して、最終的には入水自殺させてしまうのだ。

昆虫が溺れると、ハリガネムシは間借り虫の腹部を無残にも喰い破る。そして、交尾相手を探して水中へと消えていく。

また、魚の内臓に寄生する場合もある。偶発的な事象だが、人間への寄生例も数十件確認されている。まさに寄生獣なのだ。

もしも “ハリガネムシ”が人間サイズになったら……入水自殺者激増!

Photo By Takuro Tsukiji

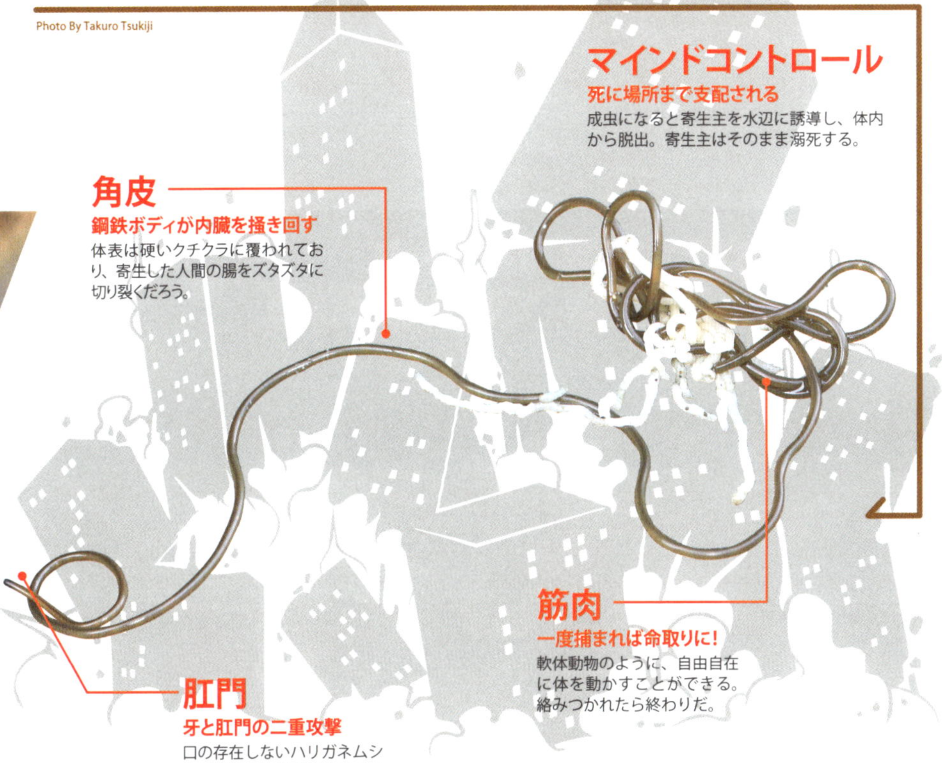

マインドコントロール
死に場所まで支配される
成虫になると寄生主を水辺に誘導し、体内から脱出。寄生主はそのまま溺死する。
角皮
鋼鉄ボディが内臓を掻き回す
体表は硬いクチクラに覆われており、寄生した人間の腸をズタズタに切り裂くだろう。
筋肉
一度捕まれば命取りに!
軟体動物のように、自由自在に体を動かすことができる。絡みつかれたら終わりだ。
肛門
牙と肛門の二重攻撃
口の存在しないハリガネムシは、退化した肛門で人の血液を摂取することだろう。

まさに地獄!! 終わりなき血みどろ失楽園

ハリガネムシに寄生された人間は、どんなに食べても空腹が収まらない。なぜなら、彼らがすべての栄養を奪取してしまうからだ。当然我々は極限までやせ細ってしまう。そして、巨大化が進む彼らは、我々の内臓を硬い表皮で傷つけ、常に鈍重なダメージを与えてくる。

また、中枢神経に効く、まだ解明されていないタンパク物質により、我々の脳はほとんど麻痺状態となっている。そして、成長を終えたハリガネムシは交尾をすべく湖へと向かうことだろう。数年を共にした人間を水中へと飛び込ませ、最後は腹部を威勢よく咬み千切って、惨殺するのだ。

絶命するその瞬間、はじめて我々は寄生されていた事実を知ることになる。「見えない敵」と戦う術はない。人間に勝ち目はないだろう。地獄だけが待ち受けている。

ダーウィン慄然!! 吸血昆虫界の重鎮

ブラジルサシガメ

学名：*Triatoma infestans*
分類：節足動物門/昆虫綱/カメムシ目/サシガメ科

体長：3～5mm
生育過程：卵-幼虫-成虫
生息地：北アメリカ、南アメリカ

特徴：1回の吸血で体重の9倍もの血液を吸う。口の周りから血を吸うことを好むため「接吻虫」とも呼ばれる

夜襲を得意とする吸血キラー!!
容赦ない『死の接吻』で血の惨劇に!!
Photo By Photoshot／アフロ

生態 狙いは口元!! 接吻虫とも呼ばれる吸血戦士

若きチャールズ・ダーウィンの生血を吸い、諸説では、死に追いやったとまでされるブラジルサシガメ。ラテンアメリカの木造建物内に多く生息。日中は暗がりに潜み、夜になると生血を求めて彷徨う。痛みは伴わないが吸血時間は30分にも及び、血を貪るにつれ体は膨張、20匹が1晩に3ℓの血液を摂取した事例もある。就寝時に口の周りから血を飲むため「接吻虫」と呼ばれる。そしてそのキスは死の接吻になることもある……。

ブラジルサシガメの体内には、シャーガス病を引き起こす寄生原虫クルーズトリパノソーマが繁殖しており、それが排泄物と共に排出されると、刺し傷から感染、場合によっては死へと誘う。シャーガス病の感染者はラテンアメリカで1000万人いるとされ、かのダーウィンも刺傷が原因で罹患していたのだ。早期の治療で寄生原虫は殺せるが、手遅れになると治療法はない。

もしも 〝ブラジルサシガメ〟が人間サイズになったら……寝ている間に失血死!?

Photo By Photoshot／アフロ

口吻
鋭利な先端が肉を貫く!!
普段は二つ折り。刺すときに素早く伸びる。これで皮膚に穴を明け、血を吸うのだ。

腹部
銃弾さえ弾き飛ばす!!
進化した腹部は鋼鉄のように硬い。攻撃のみならず防御力も高いようだ。

触角
夜行をものともしない感受性!!
2本の触角が視覚を補い、暗闇での戦いを断然有利に進めることだろう。

複眼
暗闇でもフォーカス可
さすが夜間の戦いを得意とするだけあって、暗闇での対応力はピカイチ。

脚
ラテンの地で鍛えた脚力
元々南米のジャングルに生息していただけあって、基本的な運動能力はお墨付きだ。

南米のゲリラ昆虫!! 武装しても勝算0か!?

就寝時に奇襲をかけてくるため、撃退するのは困難を極める。口吻で痛みを伴わない微細な傷を開けられ、そこから何ℓもの血液を抜かれたら絶命必至。運よく起床時に出くわしたとしても、基本的な攻撃力でも劣るので、肉体戦では勝負にならないだろう。仮にブラジリアン柔術の有段者だったとしても、あの鋼鉄のような腹部にダメージを加えるのは不可能だ。

だとすれば、武装するしか手段はない。しかし、仮に銃を使用できる環境だとしても、運動能力に長けた6本脚で敏捷に動かれたら、狙い撃ちはやはり困難といわざるをえない。何もかもが不可能だ。我々に勝算はない。負けるイメージなら簡単に沸く。数十匹の巨大なサシガメが、眠る人間の体に次々と尖った口先を突き刺し、ストローのように血液を吸引していくのだ。まさに地獄絵図としかいいようがない。

世界一しつこい血に飢えた悪女

ブユ

学名：Simuliidae
分類：節足動物門/昆虫綱/ハエ目/ブユ科
体長：15〜25mm
生育過程：卵-幼虫-蛹-成虫
生息地：日本では北海道、本州、九州
特徴：蚊やアブと違い肌を咬み切って吸血するため痛みが伴う。また吸血痕が残る

刺さずに皮膚を咬み千切るッ
大群襲撃で血をむさぼる恐怖軍団!!
Photo By Blickwinkel／アフロ

生態 失明寄生虫が暴走!! ブユとヒトに深い因縁!?

ブユは蚊と同じくメスだけが吸血する。卵に必要な栄養素を摂取するためだ。しかし、蚊と異なり皮膚を咬み切る方法なので、痛みを伴った流血が起こる。さらには、傷に毒素を注入するため、疼痛《とうつう》や発熱が1ヶ月以上ひかないこともある。

そんなブユと人には深すぎる因縁がある。1970年代、西アフリカの某村民の3分の1は失明していた。これはブユを媒介した回旋糸状虫《オンコセルカ》の仕業だった。だが、この寄生虫は、もともと人の体内に存在していた虫だったのである。つまりは、人からブユ、ブユから人への複雑な旅を経て成長した寄生虫という訳だ。その後虫は、皮下に瘤を作り15年も生息する。そして人体内で何千匹もの子どもが生まれ、それらが目に入り込む。結果、失明の悲劇が起こったのだ。これは西アフリカだけの話ではない。世界には感染者が1770万人いるという。ブユと人の終わりなき戦いは今も続いている…。

もしも 〝ブユ〟が人間サイズになったら……内臓ごと吸血される!?

Photo By Alamy／アフロ

前翅
発達した筋肉で高速スピード
毎秒1,000回の羽ばたきは世界トップクラス。筋力倍増でさらなる進化を実現。
単眼と複眼
視覚情報を瞬時に伝達
複眼により視野を確保し、単眼によって情報伝達スピードをよりアップさせた。
附節
あらゆる場所に付着可能
飛行速度のアップに伴い、脚の筋力も鍛えられた。自由自在に着地可能だ。
口器
進化した顎は骨をも砕く!?
皮膚を咬み千切る能力は進化を遂げ、ついには人間の骨を砕くポテンシャルに!!

毎秒1,000回の羽ばたきが暴風と騒音を呼ぶ!!

大群で生息するブユが巨大化したら地上はそれだけで騒然とするだろう。毎秒1,000回の羽ばたきは、世界トップクラスのスピードであり、凄まじい暴風と騒音が襲いかかってくるはずだ。それだけで人間は吹き飛ばされて死んでしまうかもしれない。少なくとも鼓膜が破れて耳を聾《ろう》するのは確実である。

辛うじて生死は免れたとしても、高速で飛行してくる血に飢えたブユから逃れる術はない。あっさりと前脚で体を拘束され、発達した顎で咬み付かれる。すると、皮膚どころか筋組織、さらには内臓や骨まで破砕されてしまうことだろう。

あとは、ブユたちの血みどろディナーだ。山積みにされた人間の死体に貪りつき、思う存分、大好きな血液を摂取することだろう。巨大な卵を孵化させるための、栄養素を十二分に味わいながら…。

帰ってきたスーパーナンキンムシ

トコジラミ

学名：*Cimex lectularius*
分類：節足動物門/昆虫綱/カメムシ目/トコジラミ科
体長：5〜7mm
生育過程：卵-幼虫-成虫
生息地：アメリカ、東南アジア、オーストラリアと世界各地に幅広く生息
特徴：別名「南京虫」。近年、国内で薬剤への耐性を付けた本種が急増し、問題となっている

薬剤耐性を身に付けて
強く進化した
害虫界のいぶし銀!!
Photo By Science Photo Library／アフロ

生態 じっくり血を味わう余裕…これぞ古株の実力

トコジラミは雌雄問わず吸血し、すべての栄養分を血液に頼っている。血液採取はほぼ夜間に行なわれている。

触角を伸ばしてこそこそと獲物に近づくと、小さな爪で獲物の皮膚を掴み、ゆっくりと口針を刺していく。唾液には抗凝血成分が含まれているので、5分以上かけて血の味を堪能することができる。これが余裕ある吸血活動を実現させている理由だ。

第二次世界大戦後、殺虫剤の普及で一掃されたが、21世紀になってアメリカやオーストラリアを中心に大発生した。これはトコジラミの薬物耐性が進化したからだといわれる。ベテランらしく粘り強い。

現在まで吸血による伝染病の例は存在しない。アレルギー反応を引き起こす程度だ。しかし、腫れやかぶれ、貧血による睡眠不足と精神的苦痛から、発狂者が出現した例はある。攻撃方法まで「いぶし銀」といわざるを得ない。

もしも〝トコジラミ〟が人間サイズになったら……駆除対策は超困難!?

Photo By Science Photo Library／アフロ

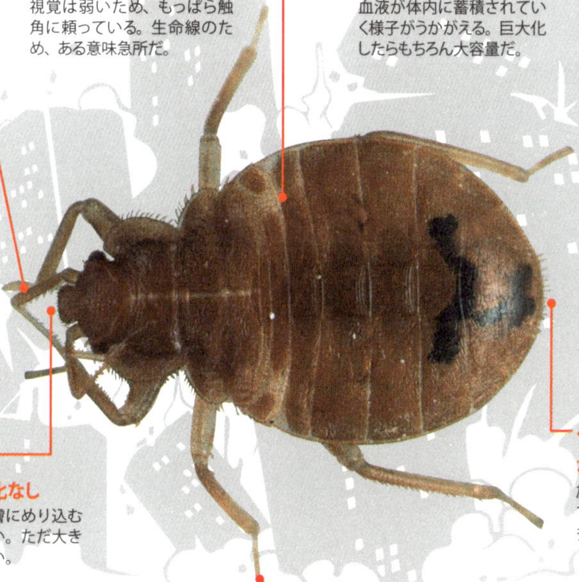

触角
獲物を察知し鈍重に移動
視覚は弱いため、もっぱら触角に頼っている。生命線のため、ある意味急所だ。

胸部
血がスケルトンボディ
血液が体内に蓄積されていく様子がうかがえる。巨大化したらもちろん大容量だ。

口針
刺す速度に変化なし
巨大化するも皮膚にめり込む速度は変わらない。ただ大きい分痛みは激しい。

ペニス
なぜか発達している
雄体のペニスは簡単に確認できる。交尾の目撃情報は多数。性欲が強いらしい。

爪
しっかり掴まれると痛い
パワーはないが、巨大な爪で掴まれたら当然痛い。流血の危険性もある。

ベッドに入ってくる恐怖に耐えられるか!?

人間サイズになっても性格に変化はない。そのため、就寝した人間をターゲットに絞る。ベッドで寝息をたてる人間に触角をむけ、ゆっくり近づき、気づかれないように隣へと潜り込むのだろう。そして、巨大な爪で獲物の肩を掴んで――。

その瞬間、我々は飛び起き、恐怖の雄叫びをあげることになろう。それもそのはず、隣には美女ではなく、わけのわからない害虫が横たわっているのだから……!!

錯乱する我々を見て、気弱な敵は怯むに違いあるまい。もともと人間と正々堂々バトルした経験などないのだから。彼らはポカンと我々を見上げているかもしれない。

この隙を狙い、刃物で襲いかかれば勝算はある。しかし、我に返った敵が、その刺針を存分に活用したら五分五分だ。もちろんトコジラミに抱かれかけた恐怖で、発狂しなかったときの話だが…。

睡眠病で脳を破壊!! 現役最狂のハエ

ツェツェバエ

学名：Glossinidae
分類：節足動物門/昆虫綱/ハエ目/ツェツェバエ科
体長：5～10mm
生育過程：卵-幼虫-蛹-成虫
生息地：アフリカ大陸の北緯15度から南緯20度の範囲のうち約1,500kmの範囲にのみ生息
特徴：吸血性のハエでアフリカ睡眠病の媒介種である。卵を体内で孵す生態を持つ

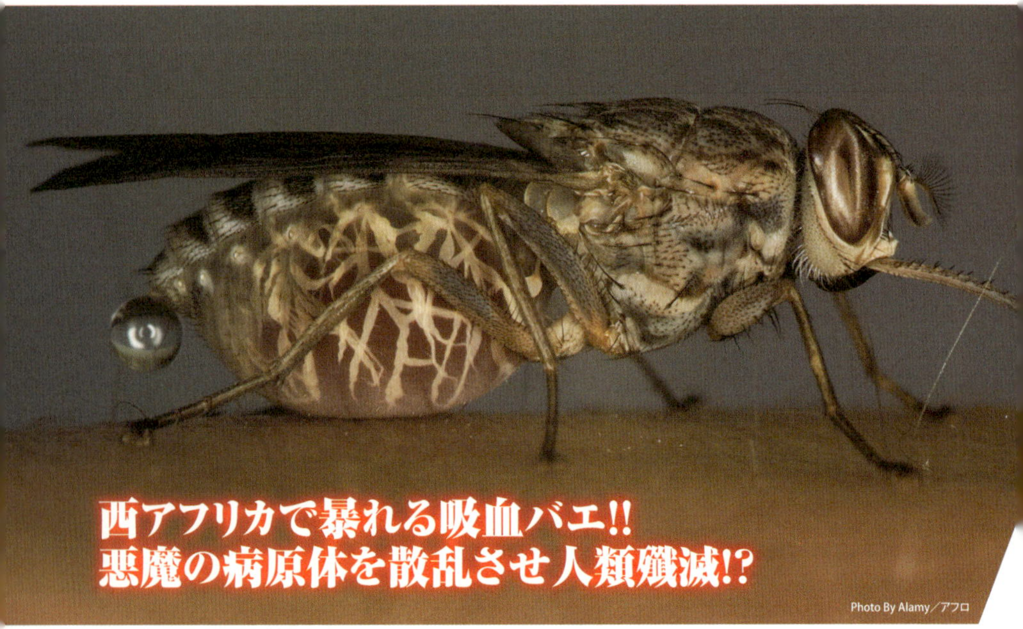
西アフリカで暴れる吸血バエ!!
悪魔の病原体を散乱させ人類殲滅!?
Photo By Alamy／アフロ

生態 人類の繁栄を阻止!! コイツはヤバすぎッ!!

アフリカ大陸で『眠り病』という感染症を媒介する恐ろしすぎるハエ、ツェツェバエ。その生息地はツェツェベルトと呼ばれ、世界中に畏怖されている―。

雌雄ともに哺乳類からの吸血を栄養源とし、寄生原虫トリパノソーマによって引き起こされる病が『眠り病』である。この病に罹ると、中枢神経や脳にダメージを与えられ、「炎症、疲労、性格変化、錯乱」を経て、睡眠周期が乱れ朦朧とした挙句、最期は昏睡状態に陥り、死に至る。サハラ以南の風土病であり、現在の感染者は7万人と推計される。近年、エフロルニチンという新薬が開発されたものの、決定的な効果は得られないでいる。まさに生ける狂気。あたかも人類の繁栄を阻止しようとしているかに思える恐ろしいハエだ…。

予防策としてはツェツェベルトに行かないのが無難。虫よけスプレーや衣服で対応するしかないのが現状である。

もしも〝ツェツェバエ〟が人間サイズになったら……昏睡状態のまま死亡!?

Photo By Alamy／アフロ

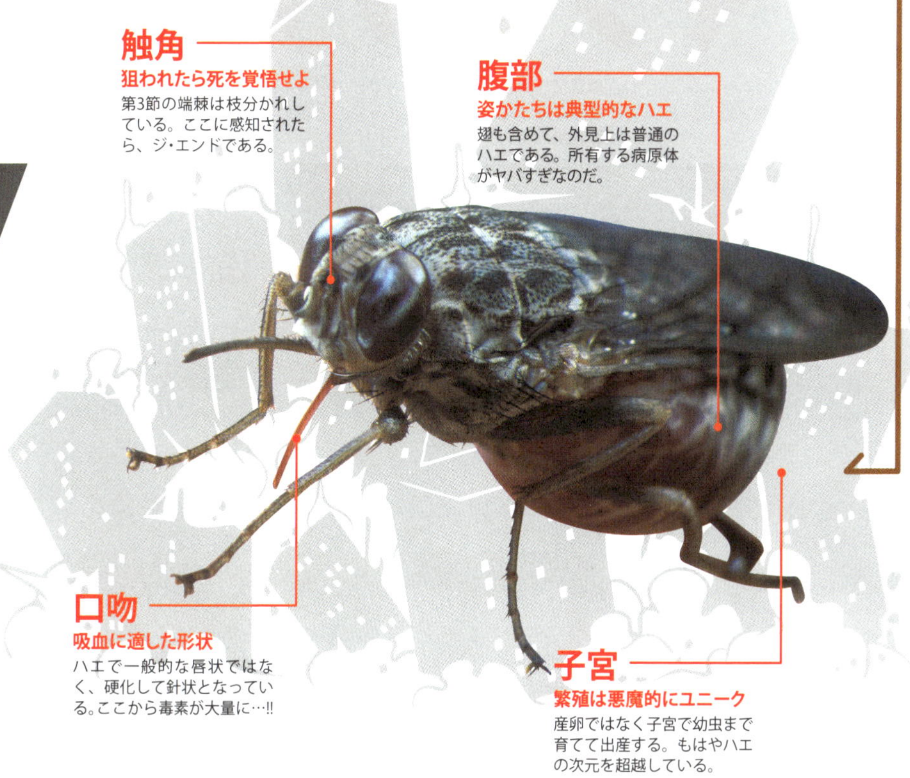
触角
狙われたら死を覚悟せよ
第3節の端棘は枝分かれしている。ここに感知されたら、ジ・エンドである。
腹部
姿かたちは典型的なハエ
翅も含めて、外見上は普通のハエである。所有する病原体がヤバすぎなのだ。
口吻
吸血に適した形状
ハエで一般的な唇状ではなく、硬化して針状となっている。ここから毒素が大量に…!!
子宮
繁殖は悪魔的にユニーク
産卵ではなく子宮で幼虫まで育てて出産する。もはやハエの次元を超越している。

世界が破滅する瞬間! ハエ帝国が生まれる日

「最強」の定義はあいまいだ。1対1の肉弾戦での勝者が「最強」だとすれば、ツェツェバエがその称号を得ることは不可能だろう。彼は凶暴な吸血バエであるが、数々の害虫の猛者どもには絶対勝てない。

しかし、現実世界の戦争での最強兵器が「細菌兵器」だとすればどうだろう。ツェツェバエがまき散らす「眠り病の病原体」はまさに「最凶」かつ「最狂」といえないだろうか。考えてもみて欲しい。体長1cmに満たない小バエの病原菌が、中央アフリカを混乱の坩堝《るつぼ》に陥れているのである。ましてや人間サイズになった彼らが散布する病原体の量は計り知れない。全世界の人間を眠り病に侵すくらいのポテンシャルは確実に秘めているはずだ。

世界中の人間の脳漿《のうしょう》が破壊され、昏睡死に至る……彼らの巨大化はそれを意味しているのだ。

長い尾を靡かせ飛翔する異端児

ウマノオバチ

学名：*Euurobracon yokohamaes*
分類：節足動物門/昆虫綱/ハチ目/コマユバチ科

体長：15〜20mm
生育過程：卵-幼虫-蛹-成虫
生息地：本州

特徴：他の昆虫に寄生する寄生バチで、本種はシロスジカミキリに寄生する

マイノリティーのプライドを胸に
生命の神秘を体現する孤高の爆撃蜂!!
Photo By Kimio Itozaki

生態 生きるための進化が無類の美しさを育んだ

約2㎝の体長に対して、20㎝近い産卵管を有す。これが馬の尾に見えるため命名された。寄生により生存するハチである。

寄生主は日本最大のカミキリムシ、シロスジカミキリ一種に限られている。この幼虫はクヌギやミズナラなどの樹木に長い穴を穿って暮らしている。ウマノオバチは深い穴の奥にいる幼虫に産卵するため、進化の過程で産卵管が長くなったのだ。

産卵管は産卵時には1本の細長い針のようになる。実際には3本あり、両側の2本は鞘のような役割をし、柔軟性と強度を持たせているのだ。驚異的なのは腹から卵を絞り出す力だけで、20㎝の管を通り、幼虫の体内に、的確に、産卵ができること。その原理はいまだ解明されていない。

元々ハチの毒針は産卵管が進化したものだが、ウマノオバチは人間を刺すことができない。刺す必要がないからか？　毒針に進化すれば、その破壊力は凄まじいだろう。

もしも “ウマノオバチ”が人間サイズになったら……人も寄生されてしまう!?

Photo By Kimio Itozaki

産卵管
鎖鎌のような毒針に進化!!
人間サイズにして15m。その先端に巨大な毒針が存在する。これは脅威だ。
触角
敵を見ずとも攻撃可能!
産卵時にノールック産卵ができたように、ノールック毒針攻撃を実現させる!?
前翅
勇壮さを証明する褐色の紋
強さには関係ないが、マイノリティーだけが持つ美しき翅である。
大顎
寄生主を咬み砕いて成長!
最終的に寄生ハチは寄生主を殺して捕食する。そのため強靭な顎を有している。

15mの尾から毒針攻撃の嵐が降り注ぐ!!

人間サイズに巨大化したウマノオバチは、産卵管を毒針へと進化させ、それに伴い凶暴化、人間に襲いかかるようになるかもしれない。

15mの尾がしなやかに空中を飛翔する姿は壮大でありながら、激しく危険。先端の毒針からは絶えず毒液が流れ落ちており、毒の雨を浴びた人間は硫酸を浴びたかのように火傷を負ってしまうことだろう。

反撃しようにも空中を自由自在に飛び回るハチを撃ち落とすことは叶わない。銃撃で怒りを露わにした敵は、自慢の尾で攻撃をしかけてくる。激しく撓《たわ》ませた尾が、その反動で鞭のように襲ってくる。辛うじてかわしたかに思えたが、先端の毒針が運悪く我々の太腿に突き刺さってしまう。毒針には返しが付いており、簡単に抜くことができない。そうこうする内に毒素は全身に回り、我々は絶命する。進化を続けるマイノリティーに、堕落した人間は勝てるはずもない。

防虫対策
もしもの時のために知っておくべき
虫についてのエトセトラ
マメ知識
其の07

If an insect becomes the human being size……

巨大化は不可能!? 外骨格の功罪

生き抜くために進化した虫の構造が科した制約とは?

繁栄をもたらした外骨格が大型化の妨げに!

現在、地球上で最も繁栄している昆虫と人間。この双極的な二種は、古より独自の進化を遂げてきたといえるだろう。

昆虫たちは、体表に堅い外骨格《がいこっかく》をまとい、それを発達させることで繁栄した。それは捕食者から身を守る武装であり、寒さや風雨、乾燥といった過酷な環境で生き抜くための術だった。

一方、人間が鎧や戦車などの可動装甲で武装するのは、そんな昆虫たちに倣ってのことだ。実際、古来より多くの兵器が昆虫の外骨格の構造を真似て作られてきた。鎧や戦車、鎧や深海に潜るための潜水服などの可動装甲は、エビやカニなどの甲殻類の関節と似ているところが多い。脆弱で柔らかい皮膚しか持たないからこそ、人間は文明を発達させる必要があったのだ。結果的に高度な化学兵器が作り出され、悲惨な災禍を招くことになるのであるが。

同様に昆虫たちが発達させた外骨格にも功罪があり、結果的に彼らの進化を強く束縛することになった。堅固で大きな外骨格は当然その大きさに比例して重さを増してゆく。その異形の武装があまりにも大きくなりすぎたのである。つまり、大型化が進めば進むほど自重に耐えられなくなり、潰れてしまうという問題が発生したのだ。この力学的な問題によって昆虫たちは大型化できないという呪いを負うことになった。

また、呼吸器官の問題もある。脊椎動物のような肺を持たない昆虫は、気管に自然吸気した空気から酸素を取り入れるため、体長が倍となれば同じく倍の吸気効率が必要となってくるのだ。これは現実的には不可能とされる。

だが、この呪いがなければ地球の支配者は、人間などではなく生まれながらに強固な鎧を持つ昆虫たちだったかもしれない。

◎ペルム紀(約2億8000万年前〜)には、メガネウラと呼ばれる翅を開くと75cmもの巨大トンボも存在した。

◎世界最大の昆虫といわれるマダガスカルオオトビナナフシ。メスのほうが大きく、足までも含めると体長60cm近い。

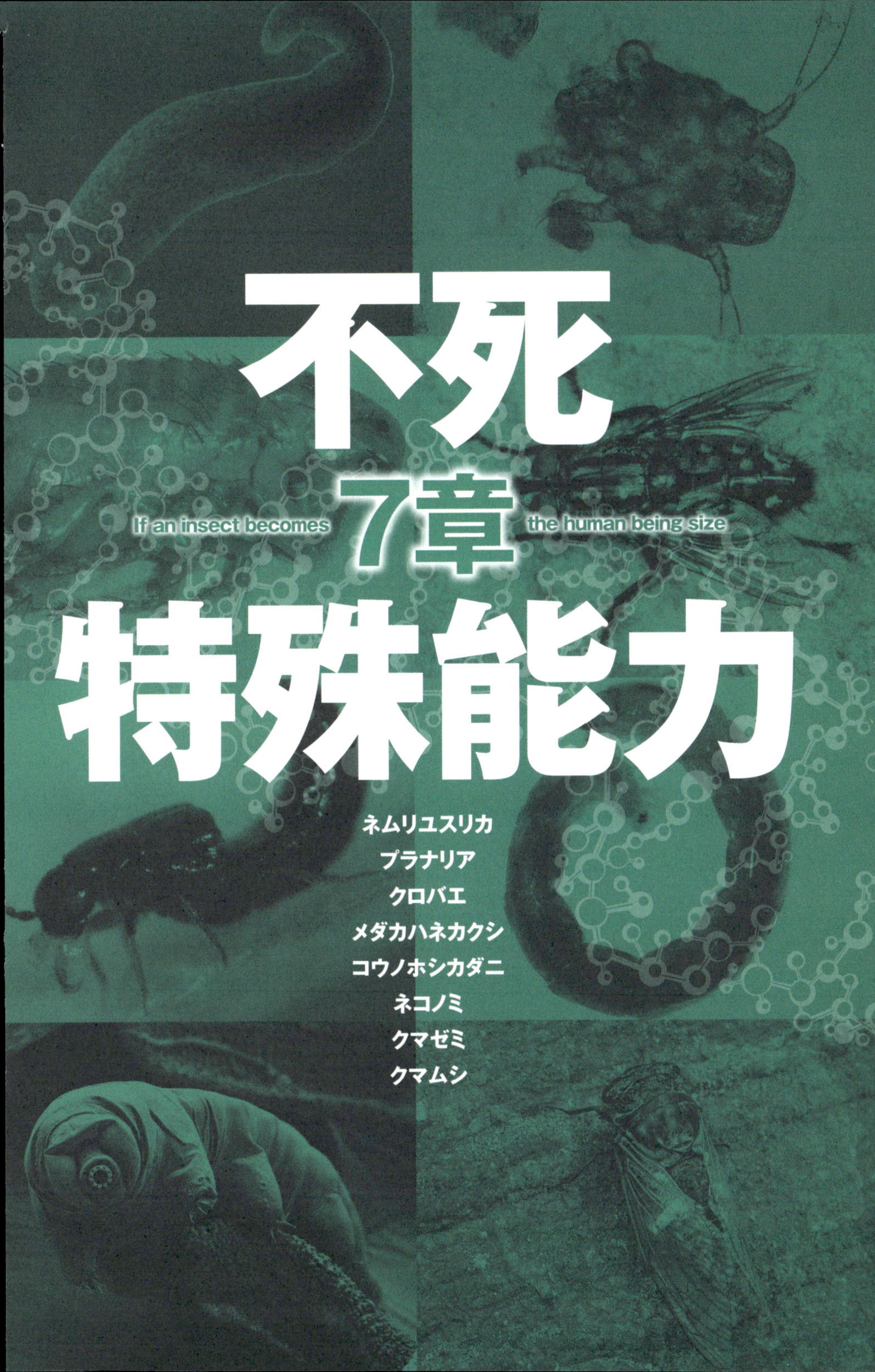

7章 不死特殊能力

If an insect becomes the human being size

ネムリユスリカ
プラナリア
クロバエ
メダカハネカクシ
コウノホシカダニ
ネコノミ
クマゼミ
クマムシ

水なしで数年間生存可能!
殲滅困難な地獄の占領部隊

水分がなくなると、自らを乾燥状態にして生き延び、ひとたび水分を得れば、わずか1時間程度で蘇生する。乾燥状態では、放射線や真空状態にも耐えることもできる。

脅威の生命体

ネムリユスリカ

どんな状況下でも決して死なない!?

宇宙空間でも生き抜く不死の幼虫

ネムリユスリカ

学名：*Polypedilum vanderplanki*
分類：節足動物門/昆虫綱/ハエ目/ユスリカ科
体長：7 mm（幼虫）、3 mm（成虫）
生育過程：卵-幼虫-蛹-成虫（完全変態）
生息地：アフリカの半乾燥地帯
特徴：クリプトビオシスという性質を持ち完全に乾いても死に至ることなく復活する

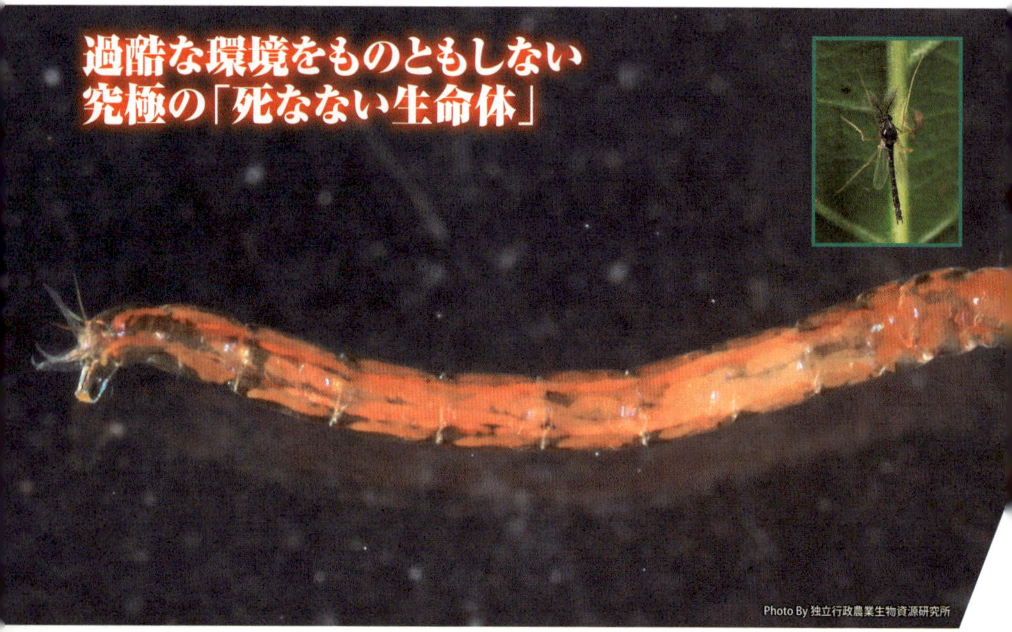
過酷な環境をものともしない
究極の「死なない生命体」
Photo By 独立行政農業生物資源研究所

生態 仮死状態になればあらゆる条件下で生存可能

ネムリユスリカは、赤道に近いアフリカのナイジェリアやマラウィなどに生息し、幼虫は水溜りで生活している。この辺りの気候は雨季と乾季に分かれ、乾季になると数ヶ月もの間、一滴も雨が降らない状況が続き、水溜りなどは簡単に干上がってしまうが、この幼虫は、水が干上がるに合わせて自らの体を乾燥させて眠りにつき、次の降雨まで生き延びることができるのだ。

この乾燥と蘇生は何度でもできる上、乾燥状態の極限環境耐性能力は極めて高い。2007年から進められている宇宙での実験の際、降り注ぐ宇宙線に加え、乾燥幼虫を入れていたプラスチック容器が原型をとどめないほどに溶けてしまった過酷な環境（日なた・日陰の気温差200℃近く）に晒されても水を与えれば蘇生したほどだ。

しかし残念ながら、この驚異の蘇生能力は幼虫のときのみで、蛹・成虫になると失われてしまう。

もしも 〝ネムリユスリカ〟が人間サイズになったら……無限に繁殖する!?

Photo By 独立行政農業生物資源研究所

トレハロース
肉体蘇生の要
高い保水力を持つ物質・トレハロースを蓄積し、ガラス化させて乾燥状態を長期間維持。

成虫
生きる目的は種の保存のみ
成虫になると、口も退化して食事も摂らない。その分、種の保存への本能は凄まじい。

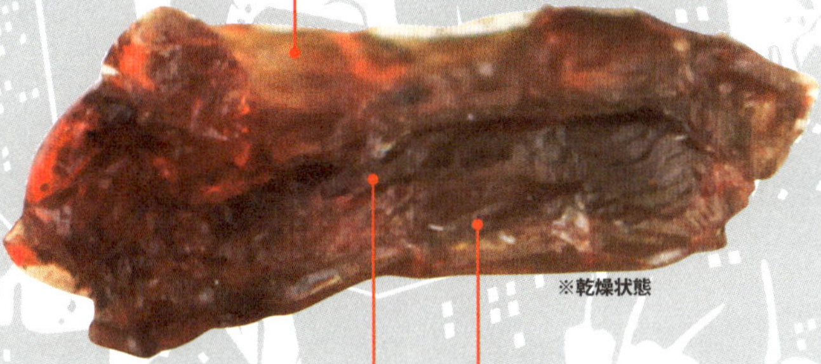

※乾燥状態

脳のいらない体
個体ではなく細胞!?
普通の動物として、脳と神経系は必要不可欠であるが、乾燥耐性には脳は関わっていない。

クリプトビオシス
乾燥状態で耐え、何度でも蘇る
乾燥状態はとにかく無敵。乾燥はもとより、放射線、高温、低温その全てに耐えられる。

禁断の核兵器でも殲滅不可能!?

成虫の状態ではなんら特徴のない昆虫だが、幼虫の環境適応能力がズバ抜けて高い。そのためネムリユスリカが人間と同スケールになった場合、戦闘部隊というよりも、占領、あるいは入植部隊として活動したときに、人類にとって大きな脅威となる。

乾燥状態となった幼虫は、放射線にも高い耐性を持つ。仮に街全体がネムリユスリカの幼虫に占領されてしまった場合、人類の最強兵器・核爆弾を使ったとしても、最初の熱線さえ凌いでしまえば幼虫は生き続けることができるため、殲滅は不可能となり、街を再び奪還するのは難しいだろう。

人間の攻撃を乾燥状態で耐え切った幼虫は、やがて成虫となり、またほかの街で繁殖し、侵略していく。この占領部隊によって、地球上から人類の住むべき場所が次々に奪われていくことだろう。

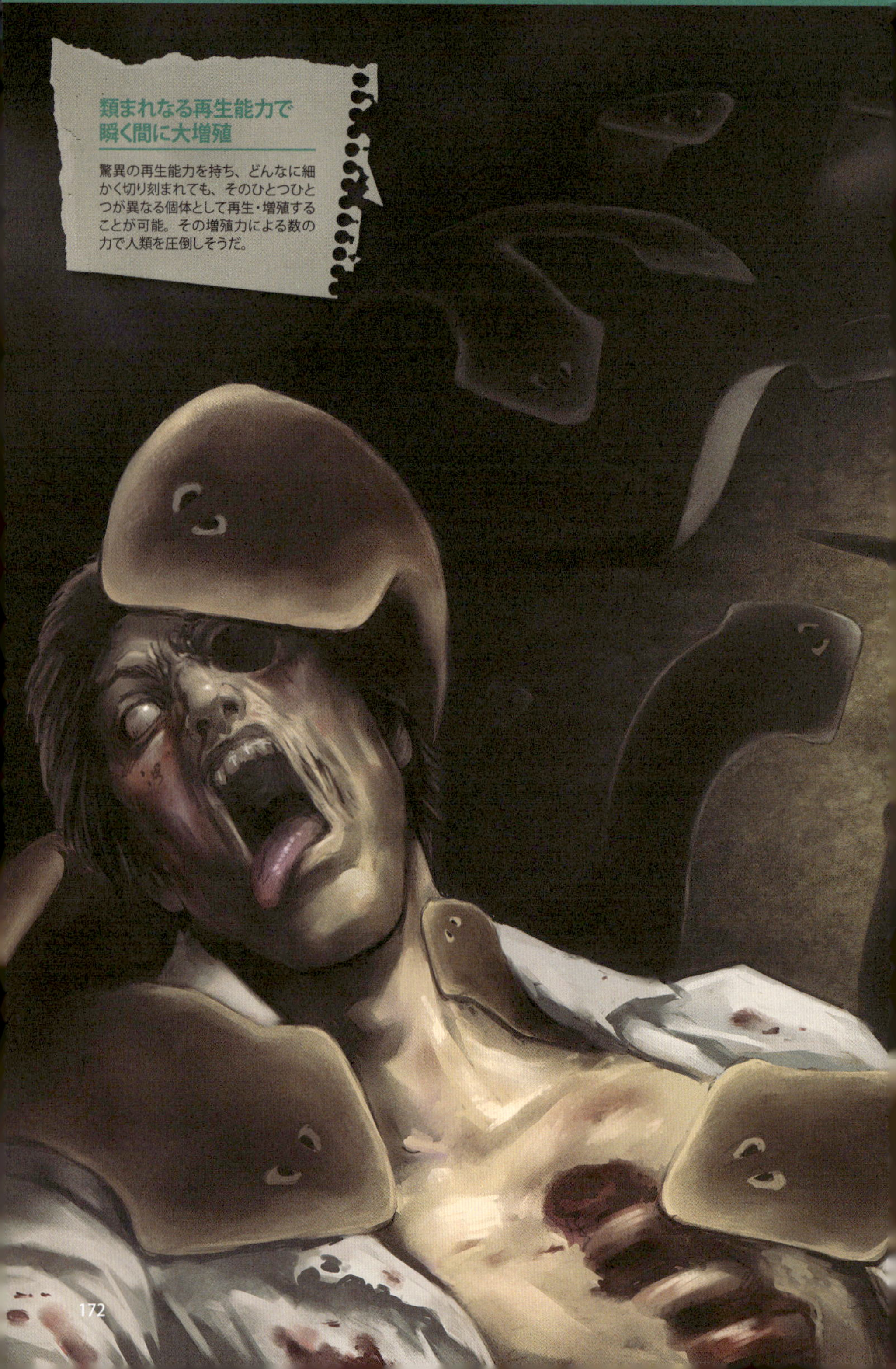

類まれなる再生能力で瞬く間に大増殖

驚異の再生能力を持ち、どんなに細かく切り刻まれても、そのひとつひとつが異なる個体として再生・増殖することが可能。その増殖力による数の力で人類を圧倒しそうだ。

復活の増殖生命体
プラナリア
小さな断片からでも分裂再生可能!!

無限の再生能力の持ち主

プラナリア

学名：Tricladida
分類：扁形動物門/ウズムシ綱/ウズムシ目
体長：1mm
生育過程：成虫
生息地：世界各地の川に生息。日本ではとりわけ上流に生息
特徴：有性生殖と無性生殖をすることができる。また切り刻んだとしても再生する

身体を100以上に切断されても
再生しながら増殖を繰り返す
Photo By Photoshot／アフロ

生態 欠片から増殖する、生命力に満ちた生物

川や池など、水質がきれいで湿気の高いところに生息し、日本ではウズムシとも呼ばれている。

プラナリアは、レンズがなく光しか感じることができないものの2つの眼を持ち、単純なものながら脳や消化器官もあるれっきとした多細胞生物であるが、特筆すべきは、単細胞生物顔負けのその著しい再生能力にある。

例えば、体を前後3等分にされたとしても、頭部からは尾部が、中央部からは頭部と尾部が、尾部からは頭部が生えてきて、別々の3つの固体として再生・増殖する。100個以上の断片に切り刻まれたとしても同様に再生することができるのだ。

また、完全に切断せず、頭部のみに切れ目を入れた場合は、その切れ目の数に応じてひとつの胴体から複数の頭部が生えているという、ヤマタノオロチ状態になることも可能なのだ。

もしも〝プラナリア〟が人間サイズになったら……無敵のクローン軍団化!?

Photo By Photoshot／アフロ

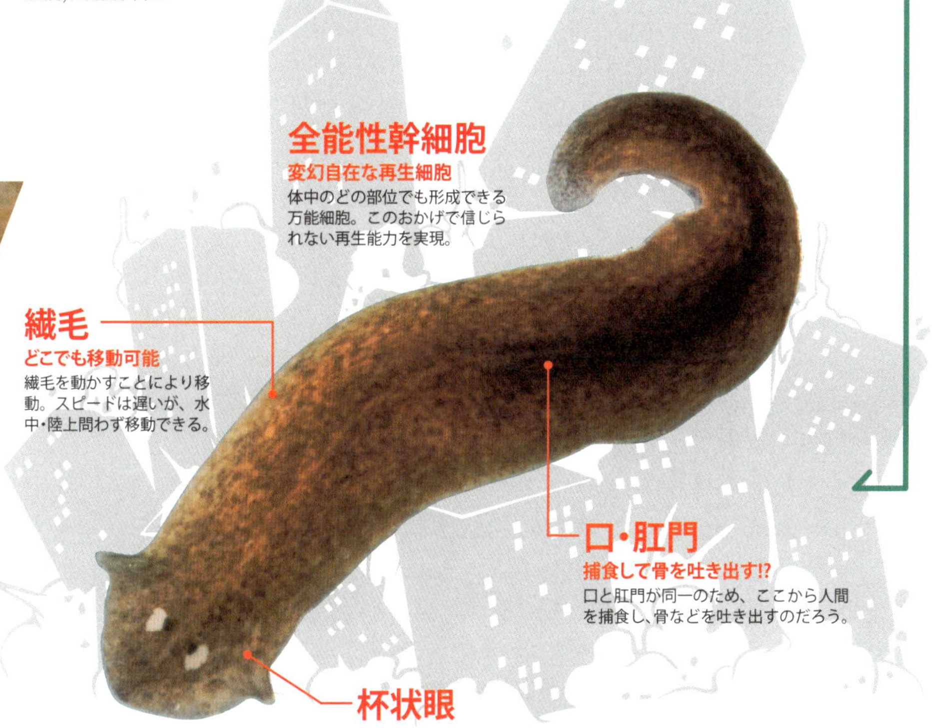
全能性幹細胞
変幻自在な再生細胞
体中のどの部位でも形成できる万能細胞。このおかげで信じられない再生能力を実現。
繊毛
どこでも移動可能
繊毛を動かすことにより移動。スピードは遅いが、水中・陸上問わず移動できる。
口・肛門
捕食して骨を吐き出す!?
口と肛門が同一のため、ここから人間を捕食し、骨などを吐き出すのだろう。
杯状眼
光しか感知できないが…
光のみ判別可能。もしライトで照らしてしまったら光めがけて一斉に襲い掛かってくるかもしれない。

プラナリア1匹に1個師団が全滅!?

人間大にまで巨大化したプラナリアと出会ってしまったら、決して銃器や刃物を使用してはならない。

単発のハンドガンならまだしも、もしマシンガンなどを使ってしまったら、例え相手がプラナリアが1匹だけだったとしても、弾丸によって無数に飛び散ったプラナリアの肉片がそれぞれ再生と増殖を始め、無数のクローン軍団として再びわらわらと眼前に立ちふさがってくるだろう。

こうなるともう手がつけられず、たった1匹のプラナリアに、1部隊はおろか、1万人程度の1個師団が壊滅させられることもありうるかもしれない。

最善の策は、分裂前に焼き払ってしまうこと。そうしないと、街ごと、または国ごと、熱核兵器や大型爆弾などで焦土化させる以外に打つ手はなくなってしまうだろう。

誰よりも早く現場に急行!
悪魔の死体処理部隊

死体が出ると、たいてい一番早く現場に姿を現し、幼虫を産みつける。他の虫たちが喰い散らかした人間の残骸は、彼らの子どもたちによって骨になるまで食べ尽くされるだろう。

クロバエ

虫界の不浄王

トリインフルエンザウイルスをも媒介!?

汚物や腐敗物を好む衛生害虫

クロバエ

学名：Calliphoridaes
分類：節足動物門/昆虫綱/ハエ目/クロバエ科
体長：7〜10mm
生育過程：卵-幼虫-蛹-成虫（完全変態）
生息地：世界各地
特徴：衛生害虫として忌み嫌われ、死骸に群がりウイルスを媒介する

腐肉や汚物の
中で繁殖し
病原菌を広範囲に
伝播させる!
Photo By AGE FOTOSTOCK／アフロ

生態 死肉に群がりウイルスを媒介する凶悪昆虫

クロバエは3km先からでも死臭を嗅ぎ分けることができるといわれ、死亡後わずか10分以内に死体に多数の卵を産み付ける。そのため〝死肉バエ〟とも呼ばれており、その幼虫の成長状態から、死体の死亡推定時刻割り出しに利用されているほど。

また、飛翔能力が昆虫類の中でも非常に優れており、ホバリングや急激な方向転換など、軽快に空中を飛び回ることが可能だ。

死体の中で卵から孵った幼虫・ウジは、その死体の動植物組織や、腐敗により発生した微生物などを摂取しながら成長する。頭蓋や目など頭部の器官はほとんどが退化しているが、顎の口鉤《こうこう》と呼ばれる部分が発達しており、死体内で移動するときは、この口鉤を使用。そのもぞもぞと蠢く様子は、まるで死体を喰い漁っているようにも見えるほどおぞましい。

死体のほか糞便にも産卵するため、さまざまな病原体を媒介している。

もしも〝クロバエ〟が人間サイズになったら……死体すら残らない!?

Photo By AGE FOTOSTOCK／アフロ

複眼
ピストルの弾もハッキリ見える

複眼は千個近い眼で構成される。視力は低いが、動体視力は人間の約5倍といわれる。

前翅
高い空中機動力

発達した前翅は、空中での敏捷な動きを実現。人間の反射神経では追うことは難しい。

卵管
生んだ瞬間に孵化!?

孵化寸前まで保護された卵は、産卵の刺激で孵化し、生まれた幼虫は死肉へと潜り込む。

触角
人間の「死期」を探知!

短い触角ながらも、死臭を探知する能力はピカイチ。死が迫った人間にも近づいてくる。

人間が次々とウジの苗床に……!!

クロバエが巨大化すれば、すでにある死体では飽き足らず、自ら人間の死体を作り出すようになるかもしれない。

飛んでくる弾丸すら見極める動体視力と、機敏な空中機動でこちらの攻撃はほとんど当たらないので、人間と同サイズに進化したクロバエに襲撃されたら撃退するのは非常に難しい。また、スピードでも人間をはるかに上回るため、おそらく逃げることすらかなわないだろう。

巨大クロバエに捕えられた人間は、その体液を啜られて絶命し、体には多数の卵を産み付けられる。孵化したウジたちは、人間の死体を内部から喰い荒らし、やがて蛹を経て成虫の巨大クロバエとなって、骨のみとなった用済みの死体を残し、また次なる獲物となる人間を探して、彼方へと飛び去っていくに違いない。

水面を駆けるハイスピード忍者

メダカハネカクシ

学名：Steninae
分類：節足動物門/昆虫綱/コウチュウ目/メダカハネカクシ亜科
体長：1mm未満〜35mm
生育過程：卵-幼虫-成虫
生息地：北海道、本州、四国、九州の河原や湿地など湿った環境
特徴：水際生活者が多く、水面を移動するものもあることで知られる

目にも留まらぬスピードで
顎を飛び出させムシを捕食!
Photo By Ardea／アフロ

生態 世界中で10万種以上！　毒を分泌するものも!?

主に水辺に生息しているメダカハネカクシは、体を水に浮かせて水面を移動するのだが、その際に体の尾部から表面張力を弱める界面活性剤を分泌してわざと体の前後で表面張力のバランスを崩し、その強弱の差を利用して、水面を滑るように素早く移動することができる。

また、顎がトンボの幼虫であるヤゴのように突出する構造を持っており、まるで忍者のように水面を音もなく速いスピードで滑ってエサである小昆虫に忍び寄り、離れたところから顎を伸ばして捕食してしまうのだ。

メダカハネカクシはそのハネカクシ科の一種であり、あたかも翅がないように見えるほど細かく折りたたんでしまうためそう呼ばれているのだが、世界に約10万種もいるとされるこの種の中には、体液に毒素を持ち、人間の皮膚に触れただけで炎症を起こさせるものも存在する。

もしも〝メダカハネカクシ〟が人間サイズになったら……音もなく襲われ捕食される!?

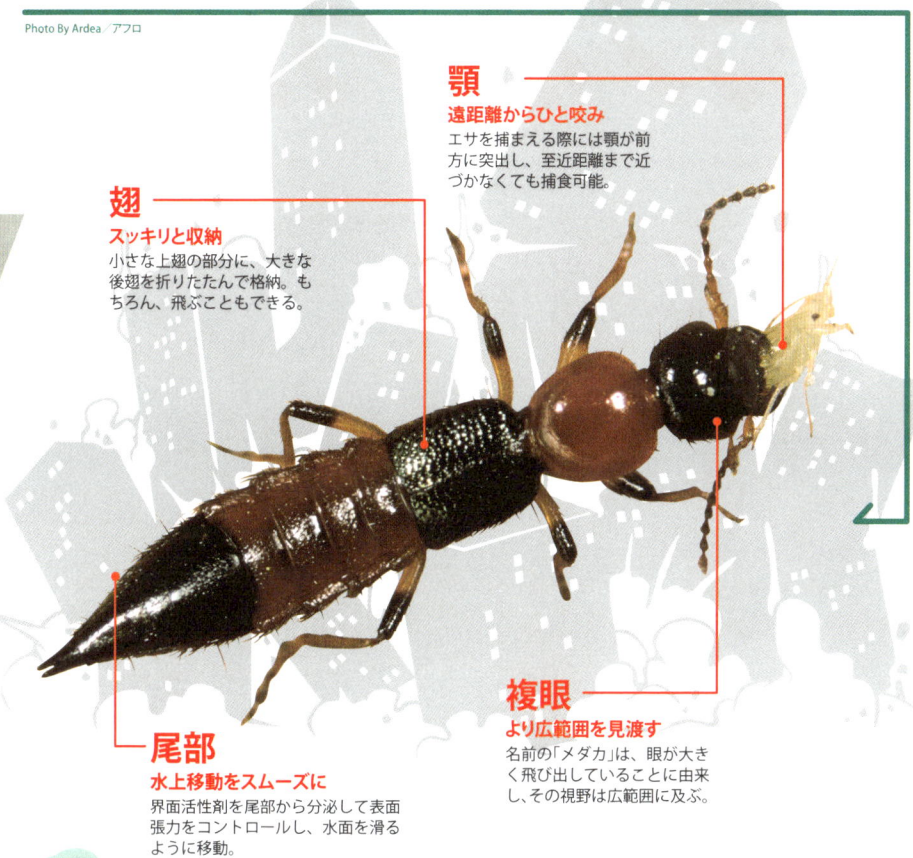

Photo By Ardea／アフロ

顎

遠距離からひと咬み

エサを捕まえる際には顎が前方に突出し、至近距離まで近づかなくても捕食可能。

翅

スッキリと収納

小さな上翅の部分に、大きな後翅を折りたたんで格納。もちろん、飛ぶこともできる。

複眼

より広範囲を見渡す

名前の「メダカ」は、眼が大きく飛び出していることに由来し、その視野は広範囲に及ぶ。

尾部

水上移動をスムーズに

界面活性剤を尾部から分泌して表面張力をコントロールし、水面を滑るように移動。

水辺から人間を狙う静かなる暗殺者!?

ハネカクシは雑食であるため、巨大化した場合にエサとして人間を襲うことは十分に考えられる。その際にとにかく脅威となるのは、その水上移動能力と伸びる顎だ。

ほかの昆虫のように、大きな唸りを上げて飛んできたり、ガサガサと音を立てて近寄ってきたなら、事前に接近を知ることができ、何らかの対処を講じることも可能だろうが、素早く滑るように水面を移動し、さらに顎を突出させて遠距離から襲われたら、人間は気づくまもなく簡単に捕食されてしまうだろう。また、仮にその顎による一撃をかわし、格闘状態になったとしても、その毒を持った体液で、ハネカクシの体に触れた部分が腫れ上がって炎症を起こし、苦しんでいる間に食べられてしまうはずだ。

水辺のサイレントキラーにとって、人間は単なるエサ以上の存在にはなり得ないだろう。

苦境を乗り切り大繁殖する害虫

コウノホシカダニ

学名：*Lardoglyphus konoi*
分類：節足動物門/クモ綱/ダニ目/コナダニ科
体長：0.3～1mm
生育過程：卵-幼虫-成虫
生息地：世界各地
特徴：食べ物などがなくなり、生活環境が悪くなると蛹になり、ひたすら耐える

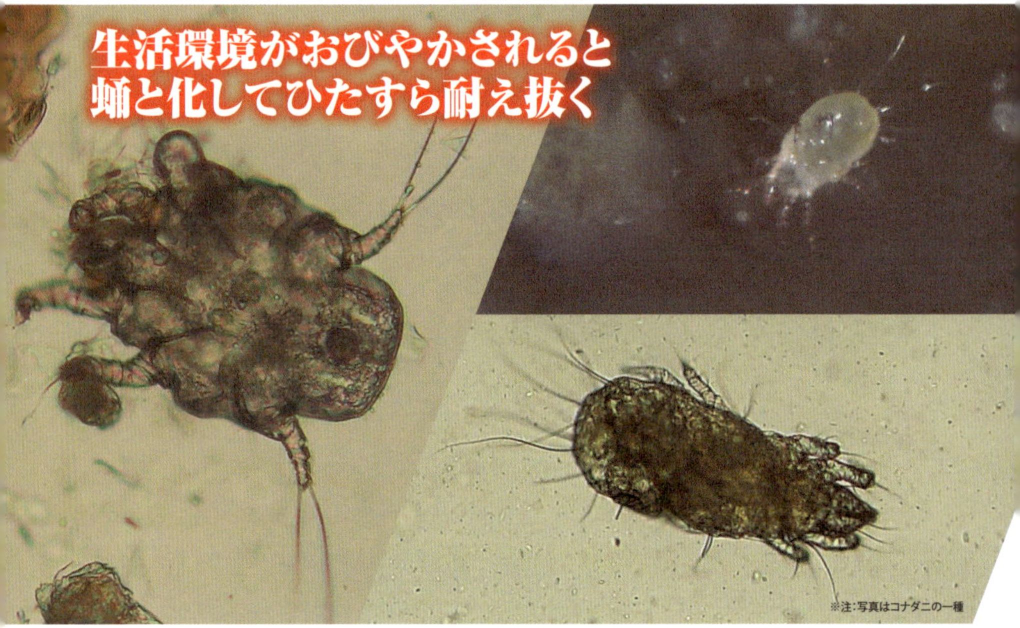
生活環境がおびやかされると
蛹と化してひたすら耐え抜く
※注：写真はコナダニの一種

生態 厳しい環境を耐え忍び、爆発的に繁殖！

コウノホシカダニは、適した環境下ならばわずか1,2日で大量発生するコナダニの一種で、家庭にある鰹節、煮干し、きな粉などに発生しやすい。

このダニの仲間は、幼虫から成虫になる途中の「若虫」のときに、あるのは吸盤のみで脚や口がない「ヒポプス」という蛹のような状態に自らの体を変化させることができるのだが、どの個体も必ずヒポプスになるわけではない。ある条件がそろわないと彼らはヒポプスへと変化しないのだ。

その変化の条件とは、生息している環境が不適当になった場合。温度や湿度が発育に適さなくなってきたり、エサがなくなってしまったときに、彼らはヒポプスとなって、その劣悪な環境をひたすら耐え、環境が好転すると、ヒポプス内部で形成された若虫の幼体が殻を突き破って出てくる。

そしてダニ特有の強い繁殖力で、仲間を次々と増やしていく。

もしも〝コウノホシカダニ〟が人間サイズになったら……地表を埋め尽くす!?

※注：写真はコナダニの一種

料理人

チーズがうまくなる!?

本種も属すコナダニ科にはチーズをおいしくするダニも存在する。巨大化したら人間にもご利益があるかも。

ヒポプス変異

身を硬くして護りぬく

劣悪環境におかれると、蛹状に体を変化させて、好条件になるまで生き延びる。

体

柔らかくどこでも潜り込む

体が柔らかいため、小さな隙間でも潜り込むことができ、あらゆるところに生息。

繁殖力

わずか数日で大量発生

環境条件がよければ2週間ほどで世代交代するため、1～2日もあれば大量繁殖可能。

うじゃうじゃと湧き出るダニに打つ手なし!

劣悪環境を耐え忍び、生きながらえる虫は、すでに紹介したネムリユスリカをはじめ、クマムシなどたくさんおり、このコウノホシカダニの防御形態であるヒポプスは、それらと比べてしまうと防御能力はあきらかに劣っている。だがその代わり、それを補って余りあるほどのズバ抜けた繁殖力を持っているのだ。

また、乾燥状態になると動けなくなるネムリユスリカなどと違って、ヒポプス状態のときに足や口はなくなるものの吸盤があるコウノホシカダニは、他の動物に吸い付き、ほかの地域へと移動することもできる。そのため、乾燥や飢えなどをヒポプスでしのいだコウノホシカダニが、その爆発的繁殖スピードをもって、世界各地で同時多発的に発生し、あっという間に地表を埋め尽くしていくのは想像に難くない。

驚異の脚力をもった吸血鬼

ネコノミ

学名：*Ctenocephalides felis*
分類：節足動物門/昆虫綱/ノミ目/ヒトノミ科
体長：1～3mm
生育過程：卵-幼虫-蛹-成虫（完全変態）
生息地：世界各地
特徴：脚が非常に長く、その脚を使い、30cm以上飛び跳ねることができる

体重の1.5倍もの
生き血をすすり
幾多の伝染病を媒介する
凶悪害虫
Photo By Photoshot／アフロ

生態 高い跳躍力で宿主を変え、その血を吸い採る

ネコノミは、その名のとおり主に猫に寄生しており、体長は1～3mmと小さく、寄生している動物の体毛の中で、その動物の血を吸いながら生息している。だが、だからといってかわいらしい名前に騙されてはいけない。ときには人にも寄生することもあり、吸血されると、腫れや痒みが数日間続くのだ。

体は左右に偏平で流線型をしており、これは、体毛の中での移動に特化されたものである。その生息場所から飛行能力が不要であるため翅は退化し、飛ぶことはできないが、その分脚が非常に発達しており、自分の体長の100倍もの跳躍距離を誇っている。この運動能力の高さは、ほかに類を見ないほどであり、この跳躍力を活かして、彼らは新たな寄生対象へと飛び移るのだ。

また、彼らは猫から犬、人と、異なる種の宿主へと移行していくため、人や動物共通の伝染病を媒介することが多い。

もしも 〝ネコノミ〟が人間サイズになったら……高層ビルに逃げ込んでも無駄!?

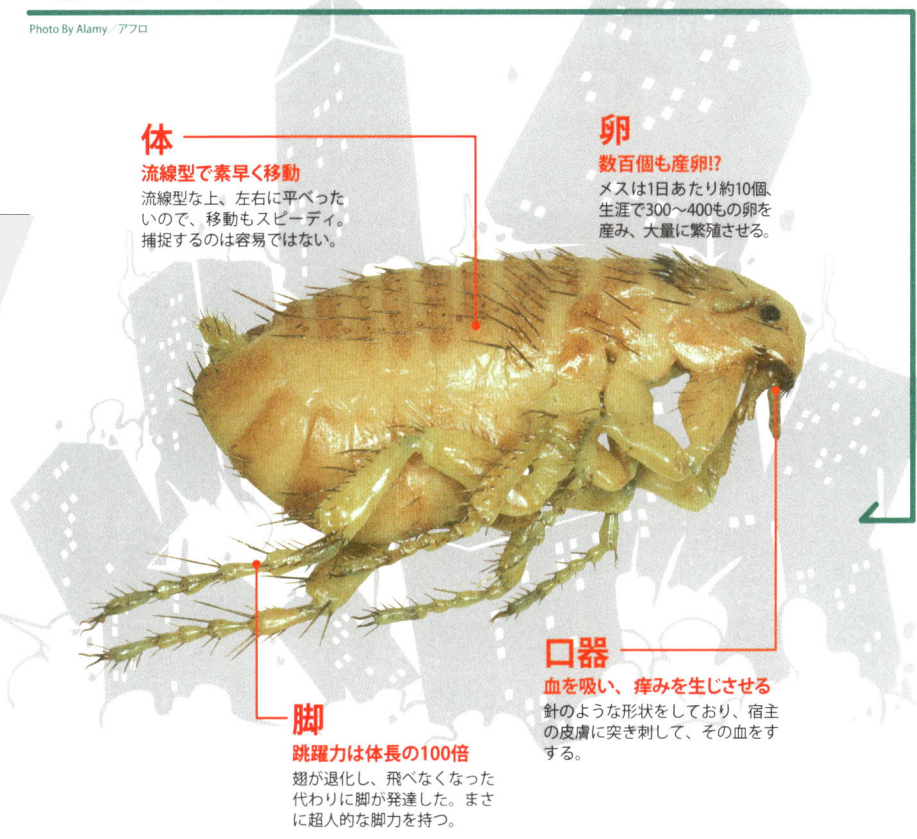

Photo By Alamy／アフロ

体
流線型で素早く移動

流線型な上、左右に平べったいので、移動もスピーディ。捕捉するのは容易ではない。

卵
数百個も産卵!?

メスは1日あたり約10個、生涯で300～400もの卵を産み、大量に繁殖させる。

口器
血を吸い、痒みを生じさせる

針のような形状をしており、宿主の皮膚に突き刺して、その血をすする。

脚
跳躍力は体長の100倍

翅が退化し、飛べなくなった代わりに脚が発達した。まさに超人的な脚力を持つ。

ミイラ化した人間の死体があちこちに散乱!?

ネコノミが人間と同じ大きさになった場合、脅威となるものが2つある。そのひとつは、なんといっても〝吸血〟だ。

彼らは1日あたり、自分の体重の約1.5倍もの血液を吸う。体長がわずか1mm程度のときはそれほどでもないが、人間大にまで巨大化してしまったら、人間の血液なぞ、あっというまに吸い尽くしてしまい、あちらこちらに、彼らに血を吸われ、ミイラ化した人間の死体が転がるはめになるはずだ。

また彼らの運動能力も大きな脅威のひとつ。数百メートルもの跳躍力を活かしてありえない角度から攻撃されれば、どんな人間もひとたまりもないはず。加えて、平たい体はこちらの反撃が当たりづらいため、撃退をさらに困難なものにするだろう。

巨大ネコノミに遭遇したら、〝死〟を覚悟せねばなるまい。

情報社会を混乱させるネットの大敵

クマゼミ

学名：*Cryptotympana facialis*
分類：節足動物門/昆虫綱/カメムシ目/セミ科
体長：60～70mm
生育過程：卵-幼虫-成虫
生息地：日本特産のセミで西日本地域の温暖な地域の平地や低山地に生息
特徴：日本最大のセミで、午前7時から午前10時まで盛んに鳴く

産卵管で光ケーブルを断線させる
現代のインターネット害虫
Photo By 奴賀義治／アフロ

生態 ノコギリ状の先端を持つ、貫通力の高い産卵管

南方系のセミであるクマゼミは、西日本から東海地方にかけてよく見られ、体長が60～70mmと、日本に生息しているミンミンゼミやアブラゼミなどの他のセミよりも大柄である。

鳴くのは他のセミ同様にオスだけで、鳴き声は「シャアシャア……」または「ワシワシワシ……」というように聞こえるが、この鳴き声は、実はミンミンゼミとベースとなる音がほぼ同じであり、音のサイクルを早くすればミンミンゼミに、サイクルを遅くすればクマゼミの鳴き声となる。

産卵場所は主に枯れ木で、産卵管を突き刺して木の内部に産卵するのだが、堅くなった樹皮を突き破る必要があるため、先端がノコギリ状になっている。近年では、クマゼミが枯れ木と間違えて光ファイバーケーブルに産卵管を突き刺して断線させるケースが増えており、インターネット害虫とも呼ばれている。

もしも 〝クマゼミ〟が人間サイズになったら……通信網が壊滅!?

Photo By Takuro Tsukiji

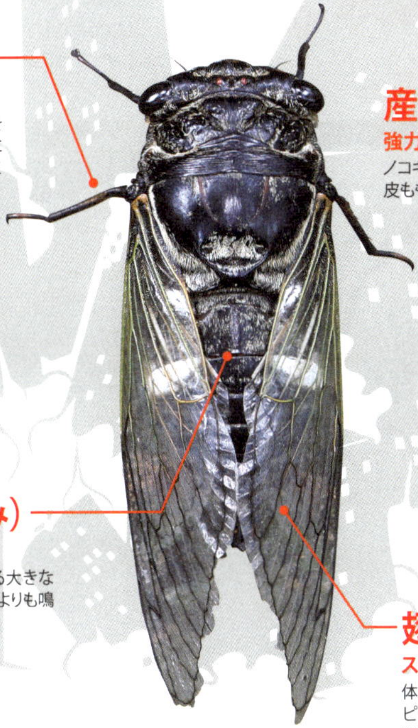

脚

引っかき傷を作ることも

セミの中では非常に強い力を持っており、引き剥がす際には注意しないと怪我をすることも。

産卵管（メスのみ）

強力な貫通力

ノコギリ状の先端で、枯れ木の堅い樹皮もものともしない恐るべき貫通力。

腹弁（オスのみ）

大音量の鳴き声を発生

大柄な体の腹部についている大きなオレンジ色の腹弁。他のセミよりも鳴き声は大きい。

翅

スピードはないが飛翔力が強い

体格に準じた大きな翅は、スピードこそ出ないものの強い飛翔力を持つ。

鋭いクマゼミの産卵管を防御する術はない!?

セミの産卵管は、非常に鋭利だ。もし巨大化したクマゼミの産卵管が枯れ木ではなく人間に向けられたら、防弾チョッキなどではとても防ぐことは不可能だろう。人間の体に食い込んだ産卵管は、内部に卵を産み落とし、さらに孵化した幼虫は、皮膚を食い破って外に飛び出すという、映画『エイリアン』さながらの凄惨なシーンがあちこちで展開されるに違いない。

産卵管を持たないオスは、その大きな鳴き声が脅威となる。クマゼミは通常の鳴き声も大きいが、捕獲したときの悲鳴音が極めて大きい。至近距離で悲鳴音を発せられた場合、現代の無力化兵器さながらに、人間は耳を覆い、うずくまることしかできなくなるはずだ。そんな無防備となった人間の体を、巨大クマゼミはその怪力でいとも簡単に引き裂いてしまうだろう。

120年もの時を経て復活した不死昆虫

クマムシ

学名：Tardigrada
分類：緩歩動物門/異クマムシ綱/節クマムシ目/クマムシ科
体長：0.5mm〜1.7mm
生育過程：卵-成虫
生息地：深海をはじめ世界各地に生息
特徴：極限の乾燥状態、151℃の高温、絶対零度、高線量の放射線にも耐える最強生物

人間の致死量の千倍の放射線を浴びても
絶対零度、150℃の高温下でも生存!!
Photo By Science Photo Library／アフロ

生態 乾眠状態になれば不死属性に!!

体長わずか0.5〜1mm程度、地球上の海洋・陸水・陸上のありとあらゆる場所に生息する緩歩動物、それがクマムシだ。この顕微鏡サイズの小さなクマムシには、驚異的な生存能力が備わっており、宇宙空間での実験では、真空状態に加えて高エネルギーの放射線が降り注ぐ中、10日間も生き続け、また、120年を経た標本でも、蘇生処理後に生存が確認されるなど、「不死」とすら思えるほど生命力が強い。

この「不死」の秘密は「乾眠」にある。クマムシは、まわりに水分がなくなると、自らの体を乾燥させて乾眠状態に入る。その状態になると活動はできなくなるが、どんな劣悪環境化でも死ぬことはなくなり、再び水分を得れば、もとの状態へと戻ることが可能なのだ。

しかし、蘇生後の活動に支障が出る場合があるなど、同じ特性を持つネムリユスリカと比べれば、能力はやや劣るとされる。

もしも もしも〝クマムシ〟が人間サイズになったら……宇宙へ入植!?

Photo By Photo take／アフロ

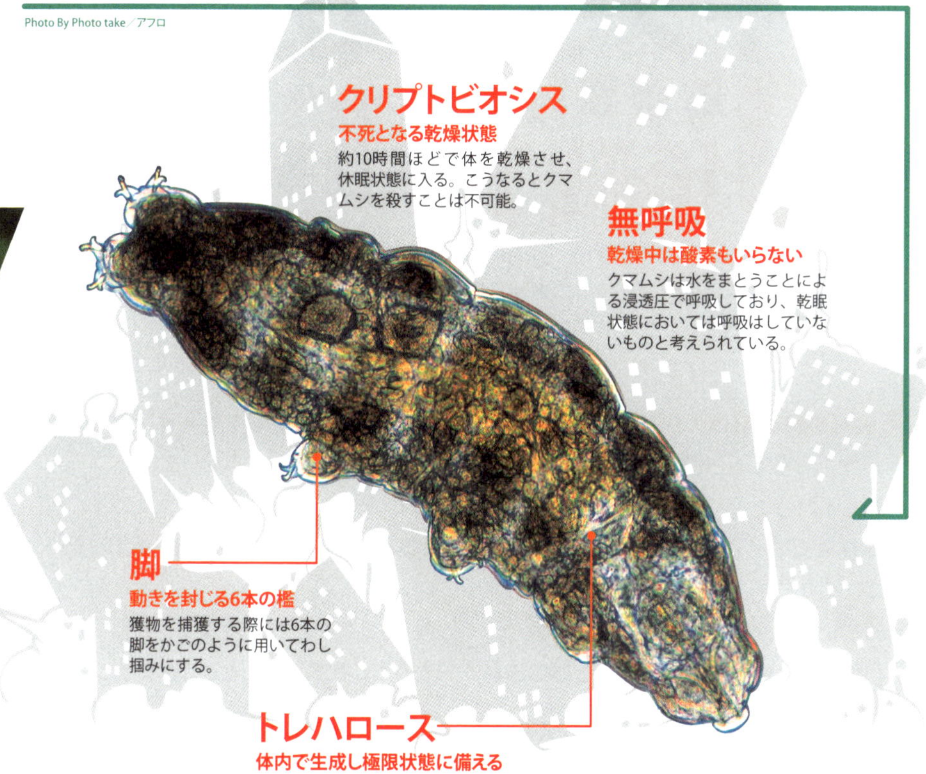
クリプトビオシス
不死となる乾燥状態
約10時間ほどで体を乾燥させ、休眠状態に入る。こうなるとクマムシを殺すことは不可能。
無呼吸
乾燥中は酸素もいらない
クマムシは水をまとうことによる浸透圧で呼吸しており、乾眠状態においては呼吸はしていないものと考えられている。
脚
動きを封じる6本の檻
獲物を捕獲する際には6本の脚をかごのように用いてわし掴みにする。
トレハロース
体内で生成し極限状態に備える
水分を、体内生成したトレハロースに置き換え、体組織の構造を保持する。

宇宙へ飛び出し、地球外への入植も可能になる!?

クマムシが人と同じ大きさにまで進化し、大量に発生してしまい、同じ特性を持つネムリユスリカ同様、無敵となる乾燥状態となって地中などに潜伏されてしまったら、これを駆逐するのは相当に困難だ。

また、クマムシの主食は、堆積物などの液体や、動植物の体液である。巨大化したクマムシなら、8本の脚で人間をがんじがらめにし、その血液など体内の液体を一滴残らず吸い尽くしてしまうことだろう。

だが、成虫になると飛翔能力があるネムリユスリカと違い、クマムシは飛ぶことができないためその繁殖範囲が限られ、瞬く間に世界中に広がることもなく、動きも鈍いので、乾燥状態にさえ気を付ければ、地球上で人類の代わりにクマムシが我が物顔で闊歩する、という最悪の事態には至らないだろう。

特別巻末インタビュー

If an insect becomesthe human being size……

ゴキブリと我が社の40年戦争

対ゴキブリの最前線に立つ男たちの～仕事の流儀《リアル・プロフェッショナル》～

写真協力／アース製薬株式会社

ここまであらゆる虫たちの驚異的な“最凶能力”を紹介してきたが、やはり一番身近で最凶なのは“ゴキブリ”。このゴキブリの全てを知るのは、常に戦ってきた殺虫剤メーカーに違いない……との思いから、『ごきぶりホイホイ』『ゴキジェットプロ』などで知られるアース製薬に潜入インタビュー。そこには知られざる人間とゴキブリの進化と開発の闘争の歴史が隠されていた!

会社を建て直した「ごきぶりホイホイ」

日本人の多くが一番最初に“ゴキブリを退治する商品”として認識したであろう『ごきぶりホイホイ』。この販売元のアース製薬で、長年ゴキブリの研究と商品開発に携わってきた永松孝之さんに話を伺った。

「1960～70年代、高度成長期を経て日本人の住環境も変わり、マンションなどのコンクリート製建物が増えると同時にゴキブリも屋外から家屋内へと移動。多くの人がゴキブリに悩まされるようになりました。そんな時、当時の社長がトリモチの原理を使った商品の開発をひらめいたのです」。

開発チームは、ゴキブリは暗い所に隠れる習性があるため、色の暗い紙で高さの低い箱製のハウスを作り、底部には粘着剤を塗って真ん中にエサをおけばゴキブリは捕まるはず。さらにはそのフェロモンに釣られたゴキブリが芋づる式に捕まるだろう……と考えたがあえなく実験は失敗。なぜならゴキブリの鋭敏な触角が、粘着剤を探知しハウスに侵入しなかったのだ。

「しかしある一人の『ハウスの入り口に坂道を作れば触角が粘着剤に当たらないのでは』との言葉を受け、テストすると大成功。さらには当初、怪獣ブームだったことから『ゴキブラー』というネーミングでしたが、イメージが怖くなってしまったので、ポップなパッケージの『ごきぶりホイホイ』という名前にし1973年に発売。当時赤字だった会社の経営を立て直す大ヒットとなったのです」。

アース製薬株式会社
研究開発本部 商品企画部
永松孝之さん

殺虫剤が効かない「抵抗性ゴキブリ」の出現

当時は、『水戸黄門』でおなじみの由美かおるさんをCMに起用したり、今では考えられないが、ごきぶりホイホイに捕まった大量のゴキブリの姿をCMに流すなどして、当時2%だった業界シェアを現在52%にまで押し上げるほど売れに売れた同商品。その後も、粘着力を弱める原因となっていた、ゴキブリの足についた油分や水分を拭き取る「足ふきマット」を設けるなど、マイナーチェンジを繰り返し、今ではゴキブリ捕獲器市場の92%を占めている。

しかしゴキブリとの戦いはまだまだ続く。突然出現したゴキブリを退治するために、噴射力をより従来製品より3倍高めたゴキジェットを、1990年の高圧ガス取締法の改正に伴い開発。その他、従来型の熱と煙で部屋中をいぶすタイプではなく、火を使わず、水と発熱剤の化学反応熱で間接的に加熱するクリーンで安全なアースレッドを開発するなど、多種多様化するニーズに応えてきたが、ここで大問題が発生する。

〈ごきぶりホイホイ
デコボコシート〉
強力誘引剤とデコボコ粘着シート、足ふきマットを搭載した最新型ホイホイ。

「ゴキブリを捕まえる」感動を実感!

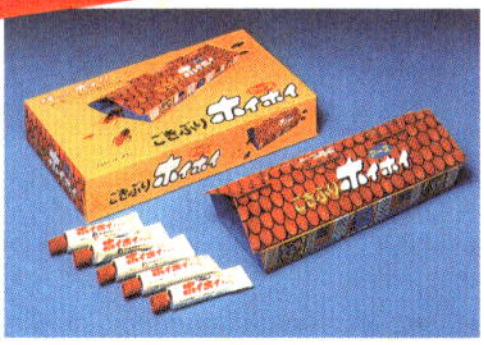

〈初代ごきぶりホイホイ〉
1973年発売の大ヒット商品。当時はチューブに入った粘着剤を自ら箱の底に塗っていた。

突如出現したゴキブリを秒速KO!

〈ゴキジェットプロ〉
強力ジェット噴射でゴキブリの活動を瞬時にストップ＆駆除。隙間用のノズルは「少しでもゴキブリから遠ざかりたい」消費者にも好評。

それが“抵抗性ゴキブリ”の登場だ。

「もともと殺虫剤の有効成分は、除虫菊から抽出した、人間に対して毒性が低く安全なピレスロイド系が中心でした。しかし、飲食店などで増加してきたチャバネゴキブリは、ライフサイクルが短く（クロゴキブリは卵から死ぬまで1年半前後、チャバネは7,8ヶ月）、薬剤に強い個体が生き残り、その抵抗性が遺伝的に受け継がれることで薬剤抵抗性が発達します。80年代には、薬剤の使用頻度が高い飲食店から『効かなくなった』という意見が増えました」。

ここで開発されたのが、ピレスロイド抵抗性が発達したゴキブリにも効く殺虫成分のメトキサジアゾン。現在では飲食店向けの製品を中心に多数処方されている。

このチャバネゴキブリ、飲食店では勢力を増し、現在ではかつては生息できないとされた北海道のススキノでも繁殖している。

「ごきぶりホイホイ」の大ヒットが社の経営を立て直したんです。

アース製薬の研究所にある通称「ゴキブリ部屋」では、8畳ほどのスペースに約60万匹のワモンゴキブリが飼育されている。

「1匹見たら数万匹いる」かも!?

「私自身、数多くの飲食店に駆除の仕事で行なってきましたが、店に入った瞬間、『あぁ、ココにはいっぱいいるな』って臭いでわかるんです。流行ってない店や衛生管理が行き届いたチェーン店居酒屋などにはあまりいませんが、流行ってる個人経営の居酒屋などは『1匹見かけたら数万匹いる』なんてことも…。冷蔵庫の裏にはゴキブリの『巣』があって、すごい数のゴキブリが集結してますよ」。

このゴキブリの巣、壁などで密閉されている訳ではないが、中心にはゴキブリの糞や尿が溜まっており、動きの鈍い幼虫や妊娠中のメスにとっては最高のご馳走。湿度や温度の高い物陰に、コロニーを形成しているのだとか。

こんなゴキブリの巣に効くのが『ブラックキャップ』などの毒餌剤。毒餌を食べたゴキブリはすぐには死なず巣へ帰り、その糞や死骸を食べた他のゴキブリにも効き、抵抗性ゴキブリにも効くフィプロニルを配合する。

「ゴキブリの卵は卵鞘という殻に守られているので、アースレッドなどのくん煙剤は、卵が孵化した2,3週間後にもう1度使用する事が必要ですが、この毒餌剤ならメスの持った卵にも効きます。ちなみに餌は、肉・魚・野菜をバランスよく配合。ゴキブリは実はグルメで、実験でも肉の成分のみ10種のダンゴと、肉5種、野菜5種のダンゴがあったら、5種のダンゴの方を2個バランスよく食べるんです」。

このエサにピレスロイドを入れると全く食べないなど、かなり味にはうるさいゴキブリ。ちなみにチャバネゴキブリの薬剤抵抗性は、殺虫剤をかけられたゴキブリが生き残ることで、次の世代にその抵抗性が受け継がれるのだが、この毒餌剤の場合、その次の世代まで死に絶えてしまうので抵抗性も遺伝しない。ある意味、最強の殺虫剤といえるのかもしれない。

〈ブラックキャップ〉
メスの持つ卵、抵抗性ゴキブリ、巣のゴキブリにも効く有効成分フィプロニル配合。

ゴキブリの「巣」ごと殲滅!

〈ブラックキャップ　屋外用〉
屋外で駆除してゴキブリの侵入を防ぐ。エアコンの室外機はゴキブリの大好きな侵入口!

「ゴキブリが飛んで襲ってきた」はウソだった!?

ここでは、ゴキブリの生態を研究してきた永松さんに、ネット上で流れるゴキブリ都市伝説の真偽を伺ってみた。

★メスが絶滅しオスのみになれば一部のオスがメスになる＝ゴキブリではありえない

★髪の毛が一本あれば1ヶ月生存可能＝せいぜい1週間ぐらい。水は1日でもなくなったらすぐ死ぬ

★餌がなければコンクリートを食べて生き延びる＝あり得る。コンクリート中のカルシウム分を食べる事も考えられる

★自分の体の50倍高く飛べる＝自力では飛べない。飛んでいるように見えるのは、高い所から低い所へ滑空しているだけ

★2匹のゴキブリの首を切断して付け替えれば、その後普通に生きていく＝全くの嘘。首を切ればせいぜい数時間生きるぐらい

★ゴキブリはキレイ好き＝ホント。ゴキブリの大敵はホコリ。常に手足を舐めてホコリや汚れをキレイにしている

大阪の地下鉄でマンホールに殺虫剤を撒いたところ、マンホールから凄い数のゴキブリが湧き出てくる、という有名な動画があるが、「コレはありえます。殺虫剤はゴキブリの神経系を異常興奮させて殺すもので、人間だとアッパーになるドラッグを過剰摂取して心臓麻痺して死ぬようなもの。集団で異常興奮すればパニック状態にもなるでしょう」との事だ。そして最後に「ゴキブリが人間サイズになったら…」という質問をしてみた。

「うーん…明るいところが嫌いで暗くジメジメした1㎝ぐらいの幅の隙間が好き。人間サイズになったら、ビルとビルの隙間でじっとしてるんじゃないでしょうか。実際は臆病者で好戦的でもなく、食べる時も『咬む』ではなく『舐め』ますから、バリバリ喰い殺されることはないでしょう。まぁあのスピードさえなければ、カブトムシと同じ普通の虫の、いい奴だと私は思いますよ（笑）」。

〈アースゴキブリホウ酸ダンゴ コンクゴキンジャム〉
ジャムとダンゴの組み合わせで、どんな食性のゴキブリも飽きずによく食べる。

ステルスゴキブリをあぶり殺す!

〈アースレッドW〉
ダニ・ノミなどにも効くゴキブリ駆除のスタンダード。

〈アースレッドプロα〉
進化したゴキブリにも効くアースレッド最強タイプ。

〈アースレッド 飲食店用〉
抵抗性チャバネゴキブリにも効き、飲食店の定期駆除に最適。

ゴキブリが人間サイズになったら…
ビルとビルの隙間かなんかでじっとしてるんじゃないですか?

参考文献

『わっ! ヘンな虫～探検昆虫学者の珍虫ファイル』
著 西田賢司(徳間書店)

『体からみえる虫の能力: 昆虫びっくり観察術2』
著 石井誠(誠文堂新光社)

『生き物の超能力―おどろきの超機能,
不可思議な生態』(ニュートンプレス)

『蚊が脳梗塞を治す! 昆虫能力の驚異』
(講談社+α新書)

『昆虫―驚異の微小脳』(中公新書)

『昆虫はスーパー脳 -ヒトと対極の進化で
身に付けた「超脳力」-』著 山口恒夫(技術評論社)

『昆虫力』著 赤池学(小学館)

『昆虫未来学―「四億年の知恵」に学ぶ』(新潮選書)

『昆虫観察図鑑―フィールドで役立つ
1103種の生態写真』著 築地琢郎(誠文堂新光社)

『すごい虫のゆかいな戦略―サバイバルをかけた
虫の生きざま』著 安富和男(講談社)

『へんな虫はすごい虫―もう"虫けら"とは呼ばせない!』
著 安富和男(講談社)

『邪悪な虫』著 エイミースチュワート(朝日出版社)

写真協力

築地琢郎
図鑑サイト『虫ナビ』
http://mushinavi.com/

糸崎公朗
ブログ『路上ネイチャー協会』
http://blog.goo.ne.jp/itozakikimio//

デジカメWatch『切り貼りデジカメ実験室』
http://dc.watch.impress.co.jp/docs/review/labo/index.html

独立行政法人農業生物資源研究所
http://www.nias.affrc.go.jp/

ブログ『インドネシア情報局』
http://infoindonesia.blog17.fc2.com/

アフロ

ネイチャー・プロダクション

アマナイメージズ

※注
掲載写真について、一部掲載にあたって確認のとれていないものがあります。お心当たりのある方は、改めて資料掲載協力のお願いをさせていただきますので、弊社までご連絡いただければ幸いです。

取材協力

アース製薬株式会社

イラストレーター

碧風羽(表紙絵、P026、P028、P032イラスト)
◎1984年、埼玉県生まれ。書籍・ライトノベルやオンラインゲーム、ソーシャルゲームのイラストを執筆。エンターブレインの漫画誌『ハルタ』の表紙を担当しているほか、漫画作品の発表もある。
・公式サイト『Last Orchesta』
http://www.geocities.jp/foomidori/

藤川純一(P008、P012、P048、P052、P056、P168、P172、P176)
◎1962年、秋田県生まれ。フリーのイラストレーターとして、近年は主に書籍、オンラインゲームのイラストなどを担当。またCG技法解説書の執筆も行なっている。
・ホームページ『Fainted Sun』
http://homepage3.nifty.com/devilkitten/

Kiyo(キヨ)(P120、P124、P128、P144、P148、P152)
◎11月20日生まれ。♀。Illustrator。キャラデザや挿絵などを描いたりしてほそぼそ活動中。
・Site『ArinoA』
http://akairo.ari-jigoku.com/

高橋礼(P072、P076、P080、P096、P100、P104)
◎北海道生まれ。ソーシャルゲームや書籍などのイラストを制作している。
・作品閲覧
http://www.pixiv.net/member.php?id=87561

最凶の「虫」王座決定戦

2013年7月4日 初版発行

監修	築地琢郎
発行人	笠倉伸夫
編集人	五十嵐祐輔
編集	伊勢新九朗(カワイオフィス)
執筆	「巨大虫」緊急防衛対策委員会
カバーイラスト	碧風羽
本文イラスト	kiyo、高橋礼、藤川純一、碧風羽
カバー&本文デザイン	若狭陽一
発行所	株式会社笠倉出版社 〒110-8625 東京都台東区東上野2-8-7 笠倉ビル TEL 03-4355-1110(営業部) TEL 03-4355-1105(編集部)
印刷・製本	株式会社 光邦
郵便振替	00130-9-75686

ISBN 978-4-7730-8665-2